好員工
必修的
調查技術

如何從公開資料抓住商機、掌握趨勢、贏過對手。

BASIC BUSINESS
RESEARCH METHODS
FOR BEGINNERS

アナリストが教える
リサーチの教科書
自分でできる情報収集・分析の基本

TAKATSUJI NARUHIKO
高辻成彥 著

李建銓 譯

沒有受過產業分析正規訓練者的福音

王義智｜資策會 產業情報研究所分析師兼副主任

　　這本書並非針對產業分析專業人士所著作，而是針對企業的一般員工，當在工作上被指派相關任務，需要進行研究調查的時候，本書提供絕佳的基本概念與指引。不管是行銷人員、業務經理、專案經理、企畫人員等，其實偶爾都會遇到產業分析與研究調查任務。也因此，本書閱讀門檻並不高，作者透過深入淺出的文字，對於沒有經過產業分析正規訓練的企業人士來說，實是一大福音。

　　本書作者從最基本的企業研究概念去理解，明確指出具體尋找資料的地方，更針對幾種常見的情境，比如說市場規模調查、企業同業競爭比較、透過財務分析提出改善策略等，都有提供具體案例，讓讀者一目了然，按圖索驥。除了次級資料的方法有著非常詳細的介紹之外，初級資料有關的採訪業者、採訪消費者、田野調查等，本書也進行概念性的介紹。筆者也在台灣方面，盡可以補充對應的訊息，甚至也提供台灣相關的情境與案例便於讀者參考。

　　筆者任職產業分析研究機構，接受過正規的研究方法訓練，與超過十年的實戰經驗。首次閱覽這本書籍時，大有相見恨晚的感覺。若當初能夠及早閱讀本書，學習其基本框架、概念與案例，相信可以大大當年的縮短學習曲線。也因此，對於有興趣踏入專業產業分析研究工作的人士，本書更是提供一個很好的入門磚，可說是產業分析與研究調查的第一堂課。

　　日本社會長期以來對於情報蒐集與調查分析相當重視與專業，值得台灣的讀者好好拜讀、一探究竟。這本書，絕對是一個很好的起點，但絕對還沒有終點。本書作者鼓勵大家在「日常生活中，抱持研究精神」，筆者深感認同。產業研究工作的水很深，是不間斷持續的過程，這本書至少可以確保讀者在淺水區，自在、方便、安全地悠遊在產業分析與調查研究的工作之中。

前言

抱持研究精神
Spirit

企業研究的範疇

　　本書主要內容是企業研究的基礎知識，筆者是日本商業學校的畢業生。在學中，為了準備管理學系的課程，遍讀多數由鑽石社出版的 GLOBIS MBA 系列叢書。進入日本商業學校的前提，是具備自學自習能力，而管理學系的課程更以個案決策為中心，授課內容多元，包括經營策略、市場調查、會計、財經、人事、組織等管理相關知識。唯獨欠缺一項課程，就是企業研究。即使課程中包含市場調查，但內容比起一般商務場合實際執行的市調更加艱深。雖說只要廣泛取得既有的一次文獻，也能蒐集所需情報，但是課程中完全沒有教導學生調查方法。

　　各位在出社會之後，應該累積不少自己學習調查方法的經驗。若能透過研修，習得所有調查方法，該是多麼叫人感謝的一件事，但是這樣課程並不多見。在市場調查的業界裡也是一樣，經驗豐富的前輩在某種程度上，的確能夠教導新人，但新人和前輩的經驗值差距甚大，即使手把手教學一次，順利解決個案，也無法保證新人從此就能具備對應所有情況的實力。

　　值得慶幸的是，筆者在擔任國家公務員時期，曾負責製作經濟統計資料，因此熟知經濟統計的基礎看法，同時在商業學校的管理課程中，也掌握了最低限度的知識，對於日後調查工作幫助極大。然而，調查方法大多因人而異，目前指導調查方法的文化也尚未成形。究竟課程講師是否熟知調查方法，仍舊是個未知數，面對學員提出疑問，講師也只會說：「這種事情，應該自己去調查」，現實狀況即是如此。上述情況造成只有特定人士具備調查能力，教學文化效率欠佳，筆者為了改變現狀，才會執筆撰寫此書。

抱持研究精神

　　在此希望各位能夠養成一個習慣，就是「日常生活中，抱持研究精神」。如此一來，投身進入研究的世界後，即不需要接受他人指示行動，因為做研究是一個自動自發、率先行動的領域，而且幾經調查後，往往仍找不到既定的正確答案。為了導出更加精確的結論，必須涉獵非常廣泛的雜學知識。即使是雜學，懂得愈來愈多，就會成為一種武器。

　　如上所述，研究的世界似乎給人一種永無止盡的感覺。基本上，筆者認為做研究這檔事，還是適合喜歡研究的人。簡單來說，就是好奇心旺盛的人，在遇到不了解的事情時，會自己想辦法找出答案，因此適合做研究。舉例來說，喜歡動畫的人，不需要他人指使才去調查動畫的資訊吧，我想他們一定會主動去研究，因為他們對動畫抱持強烈的好奇心。喜歡棒球的人，也不需要他人指使才去研究，他們會主動去調查選手的資訊，以及入場觀戰的售票資訊，這也是因為他們對棒球抱持強烈的好奇心。

　　只要在日常生活中，養成關心社會上各種資訊的習慣，看事情的眼光便會隨之改變，生活也會更加愉悅。請各位一定要養成調查的習慣。

　　若本書能夠成為一項契機，讓各位提高做研究所需的求知慾與好奇心，筆者亦將因此感到榮幸。

　　最後，本書提及的調查方法，都是以公開資訊做為基礎。雖然可做為證券分析師的分析基礎，但是和證券分析師平常所用的研究法仍有出入，這一點必須先讓各位了解。因為證券分析師平常會拜訪許多企業，觀察股市指標，或是進行企業評估。

　　再者，本書記載之內容，皆為筆者個人見解，與所屬公司並無關係，特此補充言明。

目次 | CONTENT

推薦序 —— 沒有受過產業分析正規訓練者的福音

前言 —— 抱持研究精神　　　　　　　　　　　　　　Spirit

企業研究的範疇　004

抱持研究精神　005

序章　　　　　　　　　　　　　　　　　　　　　　Suggestion

習得企業研究的能力

1 何謂企業研究　018

2 製作企畫書與提案書，皆需要企業研究能力　018

3 明訂研究目的與可動用的金錢、時間　019

4 建立假設並思考產出的成果　020

5 養成以 MECE 分析法來建立架構的習慣　020

第 1 章　　　　　　　　　　　　　　　　　　　　　　　　Skill

企業研究的基礎知識

1 企業研究必備的 4S　024

1 何謂 4S　024

2 Structure　024

3 Statistics　025

4 Share　025

5 Strategy　025

2 學會看懂經濟統計　026

1 掌握比較期間的名稱相異　026

2 從月份數據看出趨勢　027

3 從每季數據看出趨勢　029

4 計算平均數值 029

3 掌握市場規模種類 033

1 掌握市場規模的必要性 033

2 運用 3B（Billing、Booking、Backlog）掌握市場規模 035

3 3B 以外的指標 036

4 掌握經營策略理論基礎 038

1 環境分析 038

2 業界構造分析（五力分析） 040

5 掌握財務分析的基礎 042

1 收益性分析 042

① 資本報酬率 042
　1）自有資本報酬率（股東權益報酬率）（ROE：Return On Equity） 042
　2）資產報酬率（投入總資本報酬率）（ROA：Return On Assets） 043

② 銷貨報酬率 043
　1）銷貨毛利率（毛利率） 043
　2）銷貨淨利率（淨利率） 043
　3）銷貨稅前淨利率（稅前淨利率） 043
　4）銷貨稅後淨利率（稅後淨利率） 044
　5）銷貨成本率（成本率） 044
　6）銷管費率 044

2 安全性分析 044

① 短期安全性分析 045
　1）流動比率 045
　2）速動比率 045

② 長期安全性分析 045
　1）固定比率 045
　2）長期資本占固定資產比率 046

③ 資本結構分析 046
　1）自有資本比率 046

2）負債比率　046

3 效率性分析　046

1）總資產周轉率（總資本周轉率）　046

2）應收帳款周轉率　047

3）存貨周轉率　047

4）有形固定資產周轉率　047

5）應付帳款周轉率（進貨債務周轉率）　047

第 2 章　　　　　　　　　　　　　　　　　　　　　　　　　　　Structure

調查業界的基本結構

1 初期調查必要的資訊　050

1 由市售書籍蒐集資訊的訣竅　050

①經常把業界地圖書帶在身邊　050

②蒐集講解製品與服務結構的書籍　052

2 從報紙蒐集資訊　053

①日經 Telecom 收錄豐富的日經集團新聞　053

②G-Search 網羅全國各大報　054

③Dow Jones Factiva 涵蓋所有海外資訊　055

3 查詢《業種類別審查事典》　055

4 取得民間調查報告書　057

①國內市場以矢野經濟研究所和富士經濟最具公信力　057

②由外商調查公司取得國際市場數據　058

5 尋找公家調查報告　060

6 實施初期調查的管道　060

①先從網路著手調查　060

②日本貿易振興機構商務圖書館（JETRO Business Library）
資料充實　061

③國會圖書館收藏豐富的新聞報導　061

④業界圖體的圖書館收藏充實的業界資訊　061

⑤ MDB 是調查報告書的寶庫　062

2　思考業界分類方法　063

1 依用途分類　063

2 依地區分類　064

3 依製品、服務分類　065

3　考量有無季節性　067

1 年底需求量增加最多的業界　067

2 年度末需求量增加最多的業界　067

3 夏季需求量增加最多的業界　067

4 其他因應時期具有季節性的業界　068

5 季節性的確認方法　068

6 季節性的應用論點　069

7 掌握中長周期循環　069

4　確認法規動向　070

1 因國家法規不同造成阻礙的例子　070

2 因法規取得優勢的例子　070

3 因法規造成需求迅速成長的例子　071

5　考量業界風險的主要原因　072

1 原物料價格　072

2 匯率　072

3 製品價格　073

4 間接變動要素　073

6　掌握製品技術與服務的未來走向　074

1 業界重組的走向　074

2 市場擴大的動向　075

第 3 章　　　　　　　　　　　　　　　　　Statistics, Share, Strategy

調查市場環境與競爭環境

1 | 調查經濟統計（Statistics）　078

1 主要的政府統計　078

①經濟統計的種類　078

②經濟產業省統計的種類　079

③其他行政單位的統計　082

2 尋找業界統計　085

①業界團體的業界統計　085

②使用業界統計的注意事項　086

3 從事業公司 IR 資訊取得統計資料　087

4 推算市場規模　088

①以完成品市場為基準來推算　088

②以相似市場為基準來推算　088

③累積主要企業的財務數據來推算　089

5 取得業界相關統計資訊　089

　　例 1）匯率　089
　　例 2）住宅動工件數　090
　　例 3）完成品生產台數　090

2 | 調查市占率　091

1 取得市占率資訊的方法　091

①參考《日經業界地圖》　091

②利用日經 Telecom 尋找報導　092

③利用網路搜尋　092

④取得矢野經濟研究所與富士經濟的調查報告書　093

⑤取得業界市占調查公司的資訊　093

⑥取得《MARKET SHARE REPORTER》資訊　095

⑦ 取得事業公司的 IR 資訊　095

② 無法取得市占數值資訊時　095

① 詢問事業公司宣傳、IR 負責人　096

② 嘗試由自己推算　096

3 調查競爭環境（Strategy）　097

① 企業資訊的調查方法　097

② 取得未上市企業的資訊　099

③ 分辨各家主要企業的差異　100

④ 分辨財務數據差異　101

① 最低限度必須掌握的項目　101

② 財務分析範例　102

⑤ 注意透過數據容易看漏的內容　103

第 4 章　Supplement

取得補充資訊，加以驗證

1 利用採訪蒐集證據　106

① 採訪有識之士　106

② 採訪業界團體　107

③ 採訪事業公司　108

2 採訪的準備事項　109

① 事前準備　109

② 製作詢問項目表　109

③ 採訪前建立假設　110

④ 掌握採訪主導權　110

⑤ 從大方向切入細部　111

⑥ 採訪時解決疑問點　111

3 採訪時做筆記的技巧 112

1 使用試算表（Excel）做記錄 112

2 事先決定採訪的詢問事項 113

3 錄音逐字稿是提升正確性的方法 114

4 採訪消費者（定性研究） 115

1 採訪消費者能夠獲得建立假設的提示 115

2 準備採訪的劇本 115

3 採訪兩次以上 116

5 網路調查（定量調查） 117

1 網路調查最適合取得有根據的數據 117

2 準備設計書 117

6 田野調查 118

1 田野調查的目的是消除認知的謬誤 118

2 盡可能取得記錄 118

3 盡可能聽取現場工作人員的意見 119

7 人物資訊的調查方法 120

1 公家單位發布的資訊透明度較高 120

2 民間企業因上市與否，公布的資訊不同 121

3 調查資料庫較節省時間 122

8 取得行政資訊的方法 124

1 取得行政資訊的過程繁雜 124

2 補助金、委辦費等公開招標資訊的取得方法 125

9 有效利用專業調查公司　127

1 透過付費服務取得業界數據　127

① UZABASE 的 SPEEDA　127

② 日本經濟新聞社的日經 Value Search　127

③ One Source Japan 的 One Source　128

④ S&P Global Market Intelligence 的 Capital IQ　128

2 日本兩大業界市場調查公司　128

3 信用調查是信用調查公司和偵探（徵信社）擅長的領域　129

4 行政相關資訊是智囊團和專業人士擅長的領域　130

第 5 章　　　　　　　　　　　　　　　　　　　　　　　Study

研究的個案學習

1 市場規模調查　132

1 透過業界團體　132

2 透過調查報告書取得資訊的例子　133

3 透過事業公司的 IR 資訊調查的例子　136

4 預測需求的方法　137

① 參考過去實際成績的成長率　138

② 參考市場調查公司發布的預估需求成長率　138

③ 參考業界團體公布的預估需求成長率　138

④ 參考業界主要企業預估的市場走向　139

⑤ 參考業界主要企業的業績預測　139

5 理想的預估需求的方法　139

2 企業業績調查～公司計畫比較～　141

1 何謂公司計畫　141

2 比較公司計畫的例子　142

3 企業業績調查～競爭同業比較～ 145

1 與競爭同業比較的例子 145

4 企業業績調查～分析匯率影響～ 151

1 匯率影響的調查方法 151

2 取得匯率資訊的效果 152

第 6 章   Summary

整理研究成果

1 做好準備，提出研究成果 156

1 平常養成對資訊的敏感度 156

2 研究對象業界不斷改變的情況 157

2 文章表現的注意事項 158

1 集中於主張的論點 158

2 不必將所有資訊寫進去 158

3 避免使用難懂的術語 158

4 避免使用重覆的表現 159

5 將文章切割成簡短的段落 159

6 見解與事實應分別陳述 159

7 用語必須統一 160

8 明確記載引用出處 160

9 引用數據應統一出處 160

10 以讀者或聽眾想了解的資訊為優先 160

3 整理結構的方法 162

1 決定媒體 162

2 決定架構　162

3 主題之外的內容收錄於附件　163

4 | 圖表的整理方式　164

1 用強弱色調製作圖表　164

2 圖表力求簡單　166

3 一個圖表呈現一個項最為理想　166

4 每頁內容閱讀時間約二～五分鐘　166

5 投影片文字力求簡潔　167

6 用不同方式呈現將來走勢的預測結果　167

7 比較圖的主項目用深色或粗線條來強調　168

5 | 報告形式的整理方式　170

1 以企業調查報告書為例　170

更進一步提升自我

1 | 持續閱讀新聞報導　172

1 持續關注相同業界　172

①每天閱讀日本經濟新聞　172

②從業界新聞取得更詳細的資訊　174

③透過企業即時發布的消息可得知最新資訊　176

2 持續追蹤相同業界的效果　176

①培養觀察業界的眼光　176

②培養從特定業界觀察其他業界的眼光　177

③理想狀況是能夠從新聞報導聯想後續反應　178

3 利用經濟新聞 App 閱讀報導　179

①日本經濟新聞電子版　179

目次 | CONTENT

②UZABASE 的 News Picks　179

③其他新聞 App　180

4 經濟報導的相關評論　181

2 持續閱讀分析師報告　182

1 大型企業的分析　182

2 中小企業的分析　183

3 閱讀其他企業資訊　184

1 閱讀《企業四季報》、《日經企業資訊》　184

2 養成閱讀習慣　184

3 參觀展示會　185

4 參加研討會　185

5 探索身邊的事物　186

6 建立橫向關係　186

7 提升英語能力　187

8 學習 MBA 的知識　188

後記 —— 撰寫本書的契機　　　　　　　　　　　　　　　Sentiment

確立企業研究的領域　190

習得企業研究的能力

Suggestion

1 何謂企業研究

　　日常生活中，有許多事情需要調查。或許各位認為，商場上的正式調查，必須編列預算，委託市場調查公司取得第一手資訊。實際上，若想獲得詳細調查的資訊，確實必須委託專家。但是，這世上已經存在許多已公開的第一手資訊。在委託專家之前，若能取得這些公開資訊，經過整理製作成第二手資訊，便可以省下高額經費，並且在短時間內蒐集到資料。

　　本書將經過調查製作第一手資訊稱為「市場研究」，蒐集已公開的第一手資訊，整理成第二手資訊稱為「企業研究」。

　　委託市場調查公司實施市場研究，需要花費高額金錢而且耗時。另一方面，我認為企業研究並不需要漫長的時間，複雜程度也沒有困難到必須委託市調公司。而且一開始就決定親自動手調查，也可省下大筆經費。

　　另外，本書將部分利用聽證調查等方法，製作而成的第一手資訊，歸類為企業研究的範疇。實務上，企業研究取得的資訊，並非全都是第二手資訊，像是透過採訪蒐集到的資訊，就屬於第一手資訊。

0-1　研究的種類

種類	概要	費用	時間
市場研究	委託市場調查公司 製作第一手資訊	高	長
企業研究	主要調查已公開的第一手資訊 加工製成第二手資訊	低	短

2 製作企畫書與提案書，皆需要企業研究能力

　　當我們在製作企畫書與提案書時，經常需要去調查各種業界。大型顧問公司都雇有專業調查員，市場調查公司內部也會有專門的調查部

門。但是一般事業公司❶或顧問公司，幾乎都是靠員工自己去調查，但說到調查方法……各位應該都有自己的一套見解吧？

各位會不會覺得，即使公司裡的上司說：「企業研究應該調查到這種程度！」但是卻沒人能教導我們最關鍵的調查方法。或許對於熟知調查技巧的人而言，調查方法就像常識一般。但我覺得調查方法的理論，似乎還未普及。本書以蒐集公開資訊和加工方法為前提，讓各位學到企業研究的基礎。

③ 明訂研究目的與可動用的金錢、時間

如果時間充裕，應該能夠深入調查，藉以導出精確的答案。但是，在商務場合需要調查時，大抵上不會有太充裕的時間。即使調查時間總是有限，仍希望各位在調查前，掌握以下四個重點。

①研究主題
②透過研究可以解決的問題
③研究的期限
④可以動用的經費

①研究主題

一開始必須決定研究的主題以及研究的深度。

因為通常在調查過程中，觸及的範圍很容易愈來愈廣泛。特別是在初期階段，往往無法得知獲取多少資訊量才夠。

②透過研究可以解決的問題

這一點和研究主題相關，一開始必須先明確決定透過研究想解決的問題。沒有明確的目標，就是造成調查範圍過於廣泛的原因。因此，

---

❶ 事業公司：事業会社。網路時代新興的公司型態，不同於過去網站製作公司，接受委託才架站。事業公司是先架好網站，再透過提供網站服務來獲利。比較容易理解的例子就是電商平台網站，例如經營「ZOZOTOWN」的 START TODAY 就屬於事業公司。

我們必須先了解，研究成果是否能滿意顧客和上司的需求，以及研究內容具體的運用場合。

③研究的期限

決定研究的時限也是一項重點。多花一點時間，或許能調查得更加深入。然而，大抵上在研究時，都沒有充裕的時間。因此，我們必須決定想解決的問題，再反推回去計算研究的期限。

④可以動用的經費

接著決定該花費多少經費。舉例來說，1）是否購入調查報告書、2）是否安排採訪、3）是否實施問卷調查、4）是否委託外包。如果有餘裕委外的話，就能夠做出市場研究等級的調查。

再者，即使是必須蒐集第一手資訊的企業研究，也會因應使用目的改變經費運用方式，例如：是否需要購入調查報告書、是否需要在圖書館影印書籍等。總之，在研究前必須先編列預算。

4　建立假設並思考產出的成果

在設定研究能解決的問題時，必須先建立假設。毫無章法地進行研究，將會拉長所需時間。為了讓調查的過程更有效率，設定假設的答案則相形重要。業界屬於何種構造、透過驗證能取得何種證據等，在調查的每個階段，都必須自己先假設可能的答案。如果答案和自己的假設不同，則必須修正調查的方向。

5　養成以 MECE 分析法來建立架構的習慣

在此希望各位在研究中謹記一件事，就是 MECE 的思考方式。MECE 是「Mutually Exclusive, Collectively Exhaustive」的簡稱，意即「沒有遺漏、沒有重覆」。執行研究之際，為了區分各種不同的業界，必須先理解各業界的構造，此時就應該注意有沒有遺漏或重覆。

具體來說，思考業界分類時，最常使用 MECE 分析法。舉例來

說，如何依地區分類，或是如何區分製品、服務類別，就屬於 MECE 分析法的範疇。MECE 分析法的思考邏輯不僅能使用於研究，希望各位融會貫通之後，能活用於各種商務場合。

第 1 章

企業研究的
基礎知識

Skill

1

企業研究必備的 4S

1 何謂 4S

　　本章主要講述企業研究時必備的基礎知識。實施企業研究時，由四個觀點切入獲取資訊最有效率。本書稱之為 4S，所謂 4S 意指「Structure」（構造）、「Statistics」（統計）、「Share」（市占率）、「Strategy」（策略），就是這四個 S。

1-1　何謂 4S

Structure（構造）	…	製品、服務分類，製品、服務的製造與販售流程、法規等
Statistics（統計）	…	政府統計、業界團體統計、市場調查公司的統計等
Share（市占率）	…	市場調查公司、業界團體、事業公司的 IR 資訊（投資人關係）
Strategy（策略）	…	業界主要企業的製品、服務、地區性與收益性的差異等

2　Structure

　　第一項是 Structure（構造），構造即是業界構造。具體的調查項目，就是製品與服務的分類、用途類別和地區差異、製品與服務的製造、販售流程、法規變化、季節性等。

　　調查某項事業時，必須先掌握該業界的構造。不同業界的切入觀點相異，但一定也有共通項目，就是上述提及的項目。想調查這些項目，必須仰賴經營策略理論或經濟統計基礎知識。

3　Statistics

　　第二項是 Statistics（統計）。想掌握業界的市場規模，必須調查是否有統計資料可供運用。

　　具體的調查項目是政府統計、業界團體統計、市場調查公司統計、市場調查報告書、新聞報導等。想調查這些項目，必須仰賴經濟統計的基礎知識。

4　Share

　　第三項是 Share（市占率），調查是否有可用的市占率（資訊）。具體的調查項目是市場調查公司、業界團體和事業公司的 IR 資訊（IR，Investor Relationsi 投資人關係）、新聞報導等。想調查這些項目，必須仰賴經濟統計的基礎知識。

5　Strategy

　　第四項是 Strategy（策略）。本項的調查重點在於和競爭對手（其他公司）比較起來，自家公司的策略有什麼特徵。

　　具體的調查項目為製品、服務的差異、事業結構的差異、收益性的差異等。想調查這些項目，必須仰賴經營策略理論和財務分析的基礎知識。

　　實施企業研究時，最初應該確認能夠取得多少定量數據，這是一個重要的步驟。因此，運用 4S 可說是一條捷徑，然而承上所述，經濟統計、經營策略理論、財務分析的基礎知識，都是不可或缺的能力。

　　因此，本章的主旨是開始進入主題，探討調查方法之前，先學會實施企業研究時，必須事先了解的基礎知識。

2

學會看懂經濟統計

① 掌握比較期間的名稱差異

　　緊接著，讓我們儘快一起學習經濟統計資料該怎麼看。只要看懂經濟統計資料，就能了解如何推估市場規模。即使是市場規模的單年數據，也是一項重要的資訊，經年累月蒐集數據資訊，就能夠看出業界的動向。再者，若取得每季或每月的數據資訊，就能更加了解近期的動向。

　　原則上，經濟統計的比較對象是過去的數據，依期間劃分方式不同，比較時的名稱也隨之相異。

　　若以年度（十二個月）為基準來做比較，比較的對象是上一個期間，稱為「前期比」或「上年度比」。依季度來比較時，例如今年四到六月和去年四到六月相比，則稱為「上年度同期比（或亦稱上年度比）」。另外，今年四到六月與今年一到三月相比，稱為「上季比」。比較月份的情況，例如今年十月與去年十月相比，稱為「上年度同月比（或亦稱上年度比）」。再者，若是比較今年十月和今年九月，則稱為「前月比」。稱呼不同，所指的期間也相異，這一點必須注意。

　　比較年度（十二個月）的用語：前期比、上年度比
　　比較季度（三個月）的用語：上年度同期比（上年度比）、上季比
　　比較月份（一個月）的用語：上年度同月比（上年度比）、前月比

　　觀察業界統計和企業業績時，原則上，最初應找出「與上年度同時期相比，業績成長多少（或是降低多少）」。接下來，我們以接受工作機具訂單的例子來做說明。

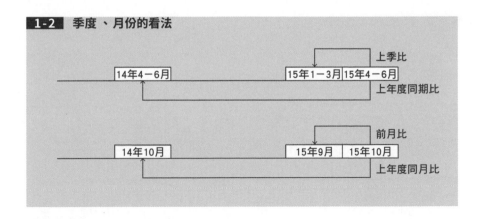

1-2　季度、月份的看法

2　從月份數據看出趨勢

次頁上方的圖表 1-3，是日本工作機具工業會每月發布的工作機具訂單統計。左軸是工作機具業界的訂單額，右軸表達上年度同月比。首先，從訂單金額（原本的數據稱為原數值）來看，可以得知高低變化，但是要看出趨勢還得花費一番功夫。因此，透過上年度同月比，就能了解某種程度的趨勢。

從二〇一〇年一月之後每月訂單數據來看，二〇一二年一月上年度同月比為負數，以此為開端，上年度同月比為負數的月份開始逐漸增加。另外，二〇一三年十月以後，到二〇一五年七月為止，上年度同月比全都是正數。

從圖中的變化來看，就算不知道業界實際情況，也能導出「二〇一二年以後一段期間，業界市場有縮減的趨勢」、「二〇一三年十月以後，市場有擴大的趨勢」這兩個結果。

1-3 以上年度同月比掌握趨勢

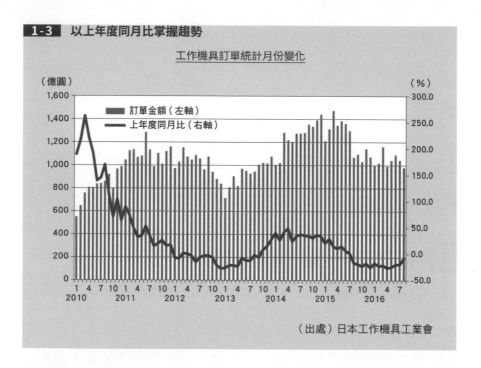

工作機具訂單統計月份變化

（出處）日本工作機具工業會

1-4 從每季數據更容易看出趨勢變化

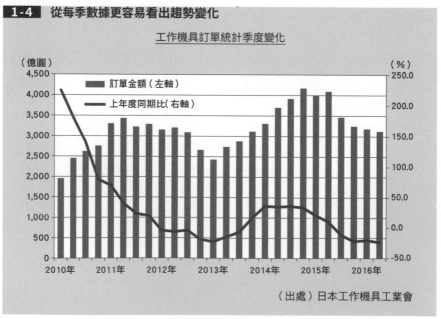

工作機具訂單統計季度變化

（出處）日本工作機具工業會

3　從每季數據看出趨勢

　　上述的趨勢，若從季度數據來看，變化就更加顯著。前頁下方圖表 1-4，就是把剛才提到的工作機具訂單統計，改成依每季變化呈現。

　　二〇一二年一到三月的上年度同期比，開始轉為負數；二〇一三年十到十二月的上年度同期比，開始轉為正數，雖然從每月數據也能看出相同時期的變化，但季度的圖表能讓我們更容易看出趨勢的變化。

4　計算平均數值

　　另外，觀察月份數據時，必須特別注意。因為，若把各業界的月份數據擺在一起看，會發現每個業界的變化趨勢大不相同。

　　以先前提到的工作機具業界為例，只要把原數值的上年度同月比拿出來比較，就能明顯看出趨勢，但依照業界不同，有可能某些月份業績極佳，而某些月份業績極差。因為這樣的業界有季節性，會因月份不同而造成重大的變動。舉例來說，讓我們看看百貨業界的情況。

　　從百貨業界的每月營業額變化（次頁圖表 1-5）來看，不同於前述的工作機具業界，沒有明顯的低迷時期，但十二月的數值總是特別高。另外，從上年度同月比來看，二〇一四年四月之後大幅降低，二〇一五年四月起又再度攀高，其他月份時為負數、時為正數，難以看出整體趨勢。

　　因此，若想約略排除每個月的變動因素，採取移動平均法計算平均值，不失為一個好方法。

　　計算平均值的方法也有許多種，可能取三個月平均、六個月平均或十二個月平均，想掌握每季狀態可以用三個月平均，若想約略排除季節性的影響來觀察景氣動向，則以十二個月平均最為便利。計算三個月平均，在某種程度上能夠排除單月變動因素，但無法排除季節性影響。每個業界情況不同，以百貨公司為例，年底折扣季通常是營業額大幅上升的時期，計算十二個月的平均值，便能輕易排除季節性的變數。

1-5 某些業種難以從單月變化看出趨勢

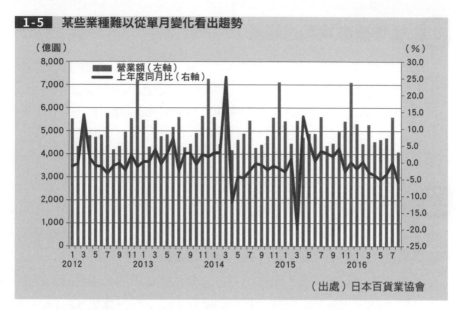

（出處）日本百貨業協會

再者，移動平均法的計算方式，分別為將基準月份加上前後月份來平均，或是以最新月份加上前兩個月，取其平均值（後方移動平均），這裡舉的例子是想反應最新月份的數值，故採後者計算方式。

下頁的數值例表，就是移動平均法的具體計算結果。

1-6 三個月移動平均數值例表

（單位：億圓）

	1 月	2 月	3 月	4 月	5 月	6 月
原數值	5,600	4,431	6,819	4,172	4,618	4,884
三個月移動平均值	－	－	5,617	5,141	5,203	4,558
	7 月	8 月	9 月	10 月	11 月	12 月
原數值	5,449	4,272	4,407	4,783	5,581	7,107
三個月移動平均值	4,984	4,868	4,709	4,887	4,924	5,824

上方圖表 1-6，標示一月到十二月的原數值，以及每三個月的移動平均值。三月的移動平均值，即是將一月到三月的原數值相加再除三。具體算式如下。

$$(5,600 + 4,431 + 6,819) ／ 3 = 5,617$$

　　四月份的三個月移動平均值，是將二月至四月的合計值除以三 ；五月份則是將三月到五月的合計值除三，依此類推，便能算出每個月的平均值 。若是計算十二個月的平均，以十二月的移動平均值為例，即是將一月到十二月的合計值除以十二 。同樣地，把算式往後推移一個月，就可算出各月份的平均值 。

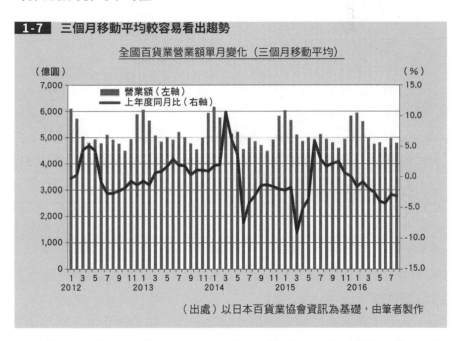

1-7　三個月移動平均較容易看出趨勢

全國百貨業營業額單月變化（三個月移動平均）

（出處）以日本百貨業協會資訊為基礎，由筆者製作

　　接下來用剛才的例子，看看三個月移動平均與十二個月移動平均的圖表 。

　　利用三個月移動平均重新計算上年度同月比，便能清楚看出趨勢（上方圖表 1-7）。例如 ：二〇一四年三月是業績最高峰，而後受消費稅增稅影響，又急速降至負數 ；二〇一五年三月降至谷底，又迅速轉為正數 ；另外也能清楚看到二〇一二年業績低迷的局面 。

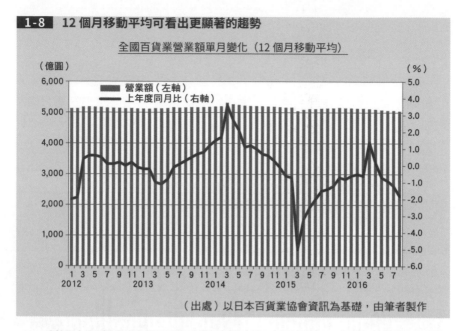

1-8 **12 個月移動平均可看出更顯著的趨勢**

全國百貨業營業額單月變化（12 個月移動平均）

（出處）以日本百貨業協會資訊為基礎，由筆者製作

　　利用十二個月移動平均重新計算上年度同月比，每月平均值會變得
更加平緩，而趨勢的變化也愈發明顯。藉由上圖表 1-8，我們可以更清
楚看出，二〇一四年三月消費最高峰、因消費稅增稅影響急降至負數的
情況，或是二〇一五年三月由谷底急增至正數，以及二〇一二年整體業
績不振的情況，都比剛才用三個月移動平均畫出的圖更顯著。計算十二
個月移動平均值的時候，每年業績最好的十二月也包含在內，因此能夠
看出趨勢。

　　再者，國家公開發布的經濟統計，有一項數據稱為「季節調整
值」，意指運用處理資訊的模組，排除季節性影響後的數值。在業界統
計當中，很少有使用到季節調整值的案例，因此，若遇到每月數據波動
極大的經濟統計，就能採用移動平均值達到相同的效果。但是，使用
十二個月平均值做成的圖表，單月間的波動變得平緩之後，反而看不出
近期的急遽變化，這一點必須注意。

3

掌握市場規模種類

① 掌握市場規模的必要性

實施企業研究時，掌握市場規模是非常重要的工作。這一節，讓我們一同學習市場規模的種類。

首先說明必須掌握市場規模的原因，在此列舉以下三點。

①掌握市場規模並加以比較，即可得知事業的成長性

②企業接受融資後股票即將上市、上市後面對投資客質疑時的回覆，以及企業評等等級，在募集資金之際，這幾點都是投資人判斷是否投資的參考依據

③面對市場規模變化，可掌握自己事業的市占率是擴大或緊縮，並能活用於事業狀況分析

①掌握事業成長性

首先，掌握市場規模，就能得知自己經營的事業，成長性有多高。就以近年來倍受矚目的 3D 列印機為例來說明。

根據美國市調機構 Canalys 公布的調查結果顯示，二〇一四年全世界出貨的 3D 列印機為十三萬三千台，相較於二〇一三年增加 68%。3D 列印機、列印素材和相關服務加總的市場規模超過三十三億美元（約為日幣三千九百四十億、新臺幣一千億）。

一個市場規模急速擴張的產業，許多廠商必定也考慮投入該市場，而實際上這幾年，一些上市企業製造商確實也相繼投入。相對地，若是

市場規模極度緊縮的事業，廠商也會選擇不參予該產業。

再者，若是現有事業與總體產業的市場規模比較起來，規模極小的情況，也能夠檢討是否退出該產業。了解自己目前參予的產業市場規模大小，是很重要的事情。

②投資客判斷投資、放款與否的參考依據

第二點，市場規模也是投資客判斷是否投資、借款的參考依據。對於放款負責人、企業投資客、個人投資客、企業評等負責人等而言，一家需要投資、借款的事業對象，到底有無成長性、公司規模正持續擴張或緊縮，都是必須得知的資訊。

即使市場規模逐漸擴張，投資對象的事業規模卻一再緊縮，業績一路低迷的話，市占率也會跟著下降，投資與放款的評等也會跟著下滑。另一方面，即使在規模逐漸緊縮的市場中，某家企業的市占率卻逆勢成長，業績一路長紅，該公司的信用評等也較容易提高。

具體來說，容易掌握規模資訊的產業，市場上各家廠商的季報和月報也較容易取得。

③能夠掌握市占率

第三點，長年蒐集市場規模資訊，能夠掌握自己經營的事業在該產業的市占率。掌握市場規模，對於了解自己公司在市場上的地位，是件非常重要的參考依據。

倘若隨著市場規模變化，公司的市占率也逐漸增加，就能了解到是哪一項經營策略發揮功效。相反地，若是市場規模漸漸擴張，但市占率卻頻頻下滑，就代表經營策略發生問題。

承上所述，掌握市場規模，就能和外部環境做出比較，對於驗證經營策略一事，是極為重要的環節。特別是能夠推測每年市場規模的業界，比較市場規模與自家公司的擴張比例，便能判別是整個產業趨勢相同，或是只有自家公司業績與市場景氣背道而馳。

2 運用 3B（Billing、Booking、Backlog）掌握市場規模

接下來，讓我們談談，該用什麼樣的準則來掌握市場規模。在此希望各位能夠把握住名為 3B 的標準。3B 即是 Billing（出貨金額）、Booking（訂單金額）、Backing（訂單總額）。

1-9	3B 的意義

Billing（出貨金額）	…	一定期間內交付貨物的金額
Booking（訂單金額）	…	一定期間內接受訂單的金額
Backing（訂單餘額）	…	某個時間點的剩餘訂單總金額

最常用於判斷市場規模的標準，莫過於出貨金額（Billing）。以自家公司的出貨金額去和市場整體做比較，便能算出市占率。再者，嚴格來說，出貨金額和營業額，兩者意義相異。出貨金額是指將貨品交給顧客當下就計入帳面，營業額則是收到貨款時才入帳。在此略為簡化，將兩者視為同義。

第二個經常使用的標準，就是訂單金額（Booking）。相對於出貨金額（營業額）表達的是現在狀況，亦即已出售予顧客的階段，訂單金額則表達未來的狀況，也就是與顧客簽約的階段。換句話說，訂單金額亦可視為出貨金額（營業額）的預測值。簽約之後到實際出售，會有一段前置期（Lead time）。這段期間的長短會因產業不同，也會因公司政策或製品、服務的性質而異，以機械和建築業界來說，這些交易金額較為龐大的產業，從接受訂單到營業額入帳，都存在著一定期間的前置期。再者，有些產業會將訂單金額視為業界統計（市場規模指標）的參考依據。

另外，若能取得出貨金額（營業額）與訂單金額這兩項指標，便能當作比較規模的依據，也就是訂單出貨比（Book-to-Bill Ratio）。訂單金額除以出貨金額（營業額），若是結果大於一即代表工作量增加、景氣上揚；而小於一的話，則表示工作量減少、景氣下挫。這個指標雖

然看似簡單，卻是預估未來市場景氣的重要參考指標。

訂單出貨比的意義

> **未達 1（景氣不佳）＜訂單金額 ÷ 出貨金額＜大於 1
> （景氣良好）**

最後一項是訂單餘額（Backlog），意指手邊剩餘的工作，也就是工作量的餘額。前置期較長的業界，必須確實掌握這項極為重要的數值。

舉例來說，製造飛機或船舶的產業，前置期往往超過一年，除了必須掌握出貨金額（營業額）和訂單金額，手頭上還剩下多少工作量，也是一項必須關注的指標。即使今年出貨量非常高，但接單量低（訂單出貨比低於一），代表手頭上剩餘的工作量減少，也就是說，公司前景必不樂觀。

這三者之間的關係，若以算式來表現，如下所示：

> **前期訂單餘額＋本期訂單金額－本期出貨金額（營業額）＝
> 期末訂單餘額**

訂單金額增加時，訂單餘額隨之提高，代表未來的工作量增加，也可以說是景氣上揚的象徵；相反的，出貨金額（營業額）增加，但訂單金額卻減少時，訂單餘額也會跟著降低，代表將來工作量減縮，亦即景氣開始下滑。

③ 3B 以外的指標

上述三項指標也可能無法反映市場規模。因為依產業不同，有時候無法取得市場規模的金額。而金額不公開的原因如下所述：

①各項製品與服務的單價差異甚鉅

②公布單價可能帶來顧客要求調降報價的壓力

　　各種情況都可能造成價格不透明。因此，除了 3B 以外，生產金額也是另一項指標。不過，雖然這是製造業常用的指標，但是光從生產金額來看，許多產業移廠至海外生產，透過國內數值，仍舊難以呈現國內市場的實際情況。

　　其他製造業常用指標的例子就是台數。就以工業機器人業界為例，業界團體國際機器人協會（International Federation of Robotics：IFR）就持續推算全世界出貨台數（以及實際上線台數）。建築機械業界也是用台數做為評估產業規模的基準。另外還有汽車業界等，總之，製造業通常都會利用台數來呈現整體產業的狀況。

　　以台數做為比較基準的業界，有時候無法用金額來評估市場規模。另外，鋼鐵業界或造船產業等，是以重量（噸位）來估算市場規模。無論是以何種形式表達市場規模，因各個業界特性不同，做為基準的尺度也各有差異。

4

掌握經營策略理論基礎

　　這一節，為各位整理經營策略理論。我想有些人應該已經學過，也請和我們一起複習。

　　學習經營策略理論時，一定會出現的方法有三種，分別是 3C 分析、SWOT 分析和五力分析。每一種都是掌握業界動向的重要觀點。

1 環境分析

① 3C 分析

　　3C 分析的 3C 分別是「市場（＝顧客）（Customer）」、「競爭（Competitor）」和「公司（Company）」。3C 分析的機制，可以看出外部環境市場的競爭，以及自家公司內部環境由分析到策略的架構。

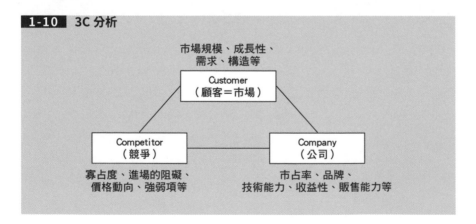

1-10　3C 分析

市場規模、成長性、
需求、構造等

Customer
（顧客＝市場）

Competitor
（競爭）

Company
（公司）

寡占度、進場的阻礙、
價格動向、強弱項等

市占率、品牌、
技術能力、收益性、販售能力等

1）市場（顧客）分析

利用市場規模和市場成長性、顧客需求、地域性、政府法規等觀點來分析。是外部環境分析的一部分。

2）競爭分析

利用競爭與環境的觀點來分析。是外部環境分析的一部分。著眼於競爭基數和進場障礙、競爭對手的經營策略、經營資源等項目。

3）公司分析

從自家公司經營資源的觀點來分析。是內部環境分析的一部分。著眼於自家公司的營業額、市占率、品牌、人力資源等項目。

透過上述三個觀點整理各項目，找出外部環境與內部環境的主要項目。具體來說，調查的項目包括：市場規模有多大，依地區、產品、服務和客層，分別判斷何處客戶最多，市場上有多少同業，自家公司掌握多少市占率等。

② SWOT 分析

SWOT 分析是從四個角度去做原因分析，分別是「機會」（Opportunities）、「威脅」（Threats）、「強項」（Strengths）、「弱項」（Weaknesses）。掌握外部環境分析的「機會」（Opportunities）和「威脅」（Threats），以及內部環境分析的「強項」（Strengths）與「弱項」（Weaknesses）。

1-11　SWOT 分析

外部環境分析	機會 Opportunities	威脅 Threats
內部環境分析	強項 Strengths	弱項 Weaknesses

1）外部環境分析

從市場規模與市場成長性、顧客需求、地域性、政府法規等觀點來分析，整理出市場上的「機會」與「威脅」。

2）內部環境分析

比較自家公司與競爭同業，整理出自家公司的「強項」與「弱項」，找出公司的核心價值。

3C 分析和 SWOT 分析兩者之間的共通點，就是都能透過與其他因素對比，看出其中的關鍵資訊。

2 業界構造分析（五力分析）

五力分析是由麥可・波特（Michael Eugene Porter）提出的五項競爭原因分析。從五個觀點掌握業界結構，分別是「潛在進入者的威脅」、「替代品、替代服務的威脅」、「買方議價能力」、「賣方議價能力」、「現有競爭者的威脅」。

1）潛在進入者的威脅

以初次進場的觀點來分析。主要調查同業競爭企業是否容易進入市場。例如：技術與服務門檻是不是較低或各項法律規範、是否投資於設備或研究開發。

2）替代品、替代服務的威脅

從替代品的觀點來分析。當市場上出現一項產品，在價格與功能上，都比自家公司的製品與服務還要優秀，或者從不同產業進場，推出過去在競爭環境中不曾有過的製品與服務等，也屬於五力分析的調查事項。

3）買方議價能力

調查買方議價能力的高低。當買方在購入量與資訊量都處於優勢

時，就愈有籌碼向賣方議價。

4）賣方議價能力

調查賣方議價能力的高低。當賣方在同業減少時，就愈有籌碼跟買方議價。

5）現有競爭者的威脅

調查競爭企業數量、市場動向、法規變化等事項。競爭企業數量愈多，競爭就愈發激烈。

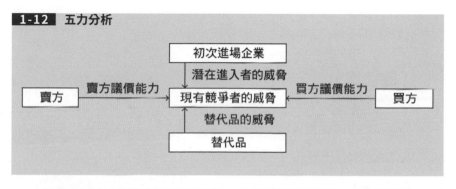

1-12　五力分析

調查上述各項業界結構要素時，必須具備經營策略理論的觀點。而這些觀點也是找出切入口的重要基礎知識，希望各位能夠牢記在心。

5

掌握財務分析的基礎

　　到此為止，我們已經學習了表達市場規模的各種數值，以及如何看懂事業規模的變化和經營策理論的基礎。接下來，我們繼續討論財務分析的基本知識。雖然沒有必要一次全部記住，但是在尋找與競爭公司的差異、判別業績變動的原因是市場動向或市占率的變動等，在執行各種分析之際，都不可缺少基本的財務分析知識。

1 收益性分析

　　「收益性分析」意指調查投入資本後，能夠獲取多少利益。分析的指標是報酬率（＝利益／資本）和銷貨報酬率（利益／銷貨），兩者數值都是愈高愈好。

①資本報酬率

　　針對不同的利益概念，有幾項指標可用來評估報酬率，以下舉出兩個例子做為代表，希望各位能夠善加運用。

1）自有資本報酬率（股東權益報酬率）（ROE：Return On Equity）
　　表示股東出資能夠獲得多少利益的指標。

> 自有資本報酬率（％）＝本期淨利／自有資本×100

> 本期淨利＝損益表最下方記載的本期淨利
> 自有資本＝資產負債表資產淨值減去新股預約權的金額

2）資產報酬率（投入總資本報酬率）（ROA：Return On Assets）

資產報酬率（%）＝稅前淨利／總資本×100

稅前淨利＝稅後淨收＋營業外收入
總資產＝資產負債表負債與資產淨值的合計金額

②銷貨報酬率

「銷貨報酬率」意指銷貨對收入的比率，也就是利潤的比率，可利用損益表上的數值來計算。

1）銷貨毛利率（毛利率）

表示公司事業提供製品、服務的收益性指標。減少銷貨成本就能增加銷貨總收入，亦即提高收益性。

銷貨總報酬率（%）＝銷貨總利益／銷貨×100

2）銷貨淨利率（淨利率）

表示公司主業收益性的指標。減少銷貨管理費用或銷貨成本就能增加銷貨收入，亦即提高收益性。

銷貨淨利率（%）＝銷貨利益／營業額×100

銷貨利益＝營業額－銷貨成本－銷貨管理費用

3）銷貨稅前淨利率（稅前淨利率）

表示包含財務活動在內銷貨活動的收益性指標。減少銷貨管理費

用和營業成本、營業外費用,或增加營業外收入,就能增加稅前淨利,亦即提高收益性。

$$銷貨稅前淨稅率(\%)=稅前淨利/營業額×100$$

$$稅前淨利=營業額-銷貨成本-銷貨管理費用$$
$$+(營業外收入-營業外費用)$$

4)銷貨稅後淨利率(稅後淨利率)

表示稅前淨利加上特別損益,以及包含稅金在內的營業活動,一切結果的收益性指標。

$$本期銷貨淨收入率(\%)=本期淨收入/營業額×100$$

5)銷貨成本率(成本率)

營業額對上銷貨成本的比率。不同於1)～4)項,此數值愈低愈好。

$$銷貨成本率(\%)=銷貨成本/營業額×100$$

6)銷管費率

營業額對上銷貨管理費用的比率。和5)項一樣,數值愈低愈好。

$$銷管費率(\%)=銷貨管理費用/營業額×100$$

2 安全性分析

「安全性分析」是調查資產負債表的資產、負債和淨資本平衡後所得的結果。大體上可分為「短期安全性分析(分析企業短期支付方法和

支付義務的對應關係）、「長期安全性分析（分析企業長期可運用資產和資金調度方法的對應關係）」、「資本調度結構分析（分析企業仰賴他人資本和自有資本的程度）」。

①短期安全性分析

1）流動比率

本指標表示企業具備的短期支付方法（流動資產），足以償還短期（一年以內）支付義務（流動負債）的程度。最好的情況是保持在 200％以上，至少必須維持在 100％以上。

> 流動比率（％）＝流動資產／流動負債×100

2）速動比率

本指標表示企業擁有的速動資產，足以償還短期支付義務的程度。最好是維持在 100％以上。

> 速動比率（％）＝速動資產／流動負債×100

> 速動資產＝現金和存款＋應收票據＋應收帳款＋有價證券

②長期安全性分析

1）固定比率

本指標表示不具償還義務的自有資本，涵蓋固定資產（預計使用超過一年的資產）的程度。此數值愈低愈好。

> 固定比率（％）＝固定資產／自有資本×100

2）**長期資本占固定資產比率**

本指標表示長期資本（自有資本與固定負債）涵蓋固定資產（預計使用超過一年的資產）的程度。必須維持在 100%以下。

> **長期資本占固定資產比率（%）＝固定資產／**
> **（自有資本＋固定負債）✕ 100**

③資本結構分析

1）**自有資本比率**

表示自有資本占總資產（總資本）比例的指標。數值愈高愈好。

> **自有資本比率（%）＝自有資本／總資產✕ 100**

2）**負債比率**

表示對他人資本與自有資本的依賴程度。數值愈低，代表安全性愈高。

> **負債比率（%）＝負債／自有資本✕ 100**

3 效率性分析

「效率性分析」用於調查資本（資產）的運用效率。用較低資本獲得較高營業額，代表周轉率較高，而周轉率愈高則表示效率性愈高。

1）**總資產周轉率（總資本周轉率）**

本指標表示獲得營業額時，運用總資產（總資本）的效率。數值愈高愈好。

> ### 總資產周轉率（次數）＝營業額／總資產

2）應收帳款周轉率

表示應收帳款回收效率的指標。數值愈高，代表應收帳款回收狀況愈良好。

> ### 應收帳款周轉率（次數）＝營業額／應收帳款

3）存貨周轉率

表示存貨效率的指標。數值愈高，代表存貨銷售速度愈快。

> ### 存貨周轉率（次數）＝營業額／存貨

4）有形固定資產周轉率

表示有形固定資產的運用效率。本指標數值愈高，表示機器設備的運轉率愈高，也就是說，設備愈是有效被利用。

> ### 有形固定資產周轉率（次數）＝營業額／有形固定資產

5）應付帳款周轉率（進貨債務周轉率）

表示應付帳款（進貨債務）支付效率的指標。本指標愈高，代表進貨貨款的支付速度愈快（愈短），愈低就代表付款愈慢（愈長）。指標數值高低是好是壞，無法一概而論，必須觀察應收帳款周轉率的平衡狀況才能判斷。

> ### 應付帳款周轉率（次數）＝本期進貨金額／應付帳款

> **應付帳款＝應付票據＋未付貨款**

以上為各位介紹財務分析的各項指標，其中最初應注意的是收益性分析。因為不管是和競爭企業相比利潤率有多高，或是過去收益性的變化等情況，都是靠這項指標做為評斷的出發點。並且可由此看出與競爭企業策略上的不同。

比較調查對象企業與競爭企業，找出其中相異之處，並分析調查對象企業過去的業績，即可看出差異。

這本書未能提及具體的財務分析案例，但是各家上市企業在比較與競爭之際，本章提及的財務指標當中，銷貨淨利率和股本報酬率（股東權益報酬率、ROE）是最常使用的指標。再加上下列股市指標：

> **PER（本益比）＝時價總額 ÷ 本期淨利**
> **＝股價 ÷ 每股盈餘（EPS）**
> **PBR（股價淨值比）＝股價 ÷ 每股淨值（BPS）**

PER 為股價與報酬率關係的指標，通常以「○倍」來表示。這項數值愈低，代表股價水準低廉，也就是說較容易成為投資對象。因此，和競爭企業相比，可以得知物超所值的程度多寡。PBR 是股價和效率性相關的指標，同樣也是以「○倍」來表示。低於一倍時，即可判斷是一支物超所值的投資標的。

再者，當 PER 數值異常時，PBR 亦能做為一項有效的補充標準。倘若公司業績在期末為赤字，即無法計算 PER。另外，剛轉虧為盈的階段，PER 數值容易升高，難以做為計測指標，此時便能利用 PBR 來補充不足的資訊。其他還可以使用名為 DCF 法（Discounted Cash Flow）的企業評價方法，推算出適當的股價水準，若想進一步了解細節，請參閱企業評價相關書籍。

調查業界的
基本結構

Structure

1

初期調查必要的資訊

① 由市售書籍蒐集資訊的訣竅

①經常把業界地圖書帶在身邊

第一章，我們接觸了企業研究必要的 4S，以及企業研究的基礎知識。第二章，我們就來探討 4S 當中的「Structure」（構造），亦即初期研究方法。以下整理出 4S 與初期研究必要的資訊。

2-1	4S 與入手資訊的對應關係

Structure（構造）	…	市售書籍、調查報告書、事業公司 IR 資訊、報導資訊
Statistics（統計）	…	政府機關統計、業界團體統計、事業公司 IR 資訊、報導資訊
Share（市占率）	…	業界地圖、調查報告書、事業公司 IR 資訊、報導資訊
Strategy（策略）	…	業界地圖、調查報告書、事業公司 IR 資訊、報導資訊

這四種分析方式都有各自的切入點，因此蒐集資訊的工具也不盡相同。特別是「Statistics」（統計）與「Share」（市占率）這兩項，必須花費許多時間來找尋資訊來源，只要找到有效的來源，在分析時則不需太多時間。另一方面，「Structure」（構造）和「Strategy」（策略）這兩項，需要先學會某種程度的業界知識與企業資訊，否則無法分析，因此也最花時間。

在調查某個業界、企業之際，若沒有基礎知識的話，很可能會沒

頭沒腦一直蒐集資訊，最後很容易花費過多時間，因此，希望各位能夠隨時關注以下四種工具。這四種工具分別是「市售書籍」、「報導資訊」、「調查報告書」和「統計」（統計相關詳情，請參閱第三章）。只要收齊這四種工具，就算沒有業界及企業的相關預備知識，也能夠掌握某種程度的基礎資訊。

　　首先介紹「市售書籍」，也就是所謂的文獻研究。在日常生活中，有一點希望各位隨時謹記在心，就是掌握「想調查的企業與事業，屬於哪一個業界」。若一家擁有高度市占率，而且廣為人知的公司，自然比較容易由此取得相關資訊。所以，各位平常就應該隨身攜帶市售業界地圖。具體來說，舉例如下：

《日經業界地圖》日本經濟新聞社編　日本經濟新聞出版社
《企業四季報業界地圖》東洋經濟新報社編　東洋經濟新報社

　　這兩本書每年都如期發行。同時，書中刊載了業界主要企業的名稱、營業額規模、業界關係圖和市場占有率等項目。因為收錄的資訊相當廣泛，當作初期調查的字典帶在身邊十分方便。日本經濟新聞出版社過去每年發行《日經市占調查》，書中收錄許多業界市場占有率的資訊，但自從二〇一四年以後就不再發行，取而代之的是《日經業界地圖》一書，也刊載了各企業的市場占有率。另外，過去鑽石社每年發行《世界業界地圖》，但此書也在二〇一三年之後停刊，因此，上述日本經濟新聞出版社與東洋經濟新報社出版的兩本刊物，可說是目前進行調查之際，最適合找尋線索的書籍。

　　再者，日本經濟新聞社的主要商品，是每年實施的服務市占調查，往年都是在七月多發行，收錄全世界五十項商品的市場占有率，以及國內一百項商品的市場占有率，都刊載於日經產業新聞報當中。因此，每年七月前後，最好多關注該報相關訊息。

| T 台灣版資訊 | 「市售四季報、業界地圖書籍」台灣哪裡找？ |

台灣市售的企業研究工具書多聚焦於上市、上櫃企業之產業趨勢分析、營收分析以及投資趨勢的分析報導。比如像：

- **《四季報》（商訊文化／工商時報）：**
  每季出刊一次。分成「科技電子」、「傳產金融」兩專冊。讀者可挑選有興趣的產業詳加研讀。

- **《股市總覽》（財金文化）：**
  「上市」、「上櫃」專冊為每季出刊一次。每半年亦會出版產業特刊，如《股市總覽特刊：汽車車電總覽（108 年版）》、《股市總覽特刊：生技總覽（107 年版）》。此外，一年一版的《股市總覽：萬用手冊》約在每年的三月下旬出版，針對不同產業亦有詳盡的資料與分析。

- **《2000 大企業調查》（天下雜誌）：**
  每年五月左右出版，針對台灣兩千大企業進行營運調查，可從中了解台灣重要企業的發展現況與展望。

②蒐集講解製品與服務結構的書籍

接下來，就是了解調查對象企業「提供什麼樣的製品和服務」。最好的資訊來源就是《輕鬆看懂○○業界》、《○○業界大研究》或《詳解○○業界動向與結構》等類型的書籍。具體來說，舉例如下：

《圖解入門業界研究最新○○業界動向與結構》系列　秀和系統
《輕鬆看懂○○業界》系列　日本實業出版社
《○○業界大研究》系列　產學社
《圖解雜學○○業界結構》系列　夏目社

另外，如果想更深入了解製品與服務的從容，可以參考以下叢書：

《圖解入門輕鬆看懂最新○○基本與結構》系列　秀和系統
《詳解易懂○○叢書》系列　日刊工業新聞社

　　日刊工業新聞社的《詳解易懂○○叢書》系列，收錄對象限定為製造業。當你開始研究文獻且毫無基礎知識，為了找出該從什麼角度切入調查，以及做為論述的觀點，這本書是初期研究時的重要資訊來源。

T 台灣版資訊　　**「市售業界動向書籍」台灣哪裡找？**

在台灣的網路書店上以「產業分析」、「產業趨勢」等關鍵字搜尋，即可篩出相當多的產業動向、產業結構等相關書籍，由於產業之變化可說是瞬息萬變，建議優先挑選出版日期較新的書籍。以下列舉幾本為例：

- 《圖解產業分析》（五南出版社）
- 《高科技產業分析：優勢策略 一次公開》（五南出版社）
- 《2018 台灣各產業景氣趨勢調查報告》（財團法人台灣經濟研究院／台經院）

---

2 從報紙蒐集資訊

①日經 Telecom 收錄豐富的日經集團新聞

　　和文獻研究同等重要的來源是「報導資訊」，也就是利用新聞報導來蒐集資訊。一般在網路上搜尋就能查到一些新聞報導，若是善用付費服務，還能找到更多詳細的報導。其中最具代表性的資料來源就是日經 Telecom。該網站可以找到日經集團過去的新聞報導和雜誌期數，並從中擷取有價值的資訊。再者，依照付費內容的不同，也能夠搜尋其他企業的地區新聞報導，因此也能找到限制地域性的報導資訊。

　　上述方法主要能取得的資訊如下所示：

由日經 Telecom 能夠取得的主要資訊
①日經集團過去的新聞報導和雜誌期數
②各都道府地區新聞和業界新聞過去的報導和雜誌期數
③海外媒體的過去報導
④帝國數據銀行、東京工商研究企業資訊

⑤關鍵人物資訊、人事資訊

　　使用這些服務的好處，除了能夠有效率地集中尋找經濟報導，還能取得想調查的企業信用資訊。多數報導都是 PDF 檔案，可以自由印刷成紙本，善用此特性有利於保存資訊。

T 台灣版資訊　　收錄豐富的「報導資訊」台灣哪裡找？

台灣的產業報導資訊以財經報紙──《經濟日報》（聯合報系）、《工商時報》（旺旺中時媒體集團）為首，其即時豐富的新聞報導分析極具參考價值；而雜誌則以《商業周刊》、《財訊》、《天下雜誌》為主，其深入淺出的專題分析是掌握產業動向的極佳幫手。

② G-Search 網羅全國各大報

　　另一個和日經 Telecom 相同，也能輕易搜尋報導的服務是 G-Search。從 G-Search 網站，可以搜尋全國各大報的主要報導，諸如：讀賣新聞、朝日新聞、每日新聞、產經新聞等，這個網站還有一個好處，就是能找到科學技術和醫學相關文獻。但是若想搜尋日經集團的報導資訊，則必須另外付費申請使用日經 Telecom。

　　由 G-Search 能夠取得的主要資訊
　①全國主要新聞、共同通信社、時事通信社、NHK 新聞等媒體過去的報導
　②日刊工業新聞等業界新聞和運動新聞過去的報導
　③海外媒體過去的報導
　④帝國數據銀行、東京工商研究的企業資訊
　⑤關鍵人物資訊、人事資訊
　⑥科學技術醫學文獻

T 台灣版資訊　　「可搜尋各大報章資訊的網站平台」台灣哪裡找？

以下列舉一些媒體網站資訊平台，多數都需要加入會員後才能瀏覽報導，或需付費才能登入：

- **聯合知識庫**（https://udndata.com）：可搜尋聯合報系八大報（聯合報、經濟日報、民生報、聯合晚報、星報、Upaper、美洲世界日報、歐洲日報）之線上全文。
- **台灣新聞智慧網**（http://tnsw.infolinker.com.tw/）：新聞報紙的整合平台，包含中時、聯合、經濟、中央日報等十三種報紙標題索引及部分全版影像。
- **中央通訊社中英文新聞資料庫**（http://search.cna.com.tw）：台灣最完整的中英文新聞資料庫，收錄自一九九一年起之中央社中文新聞，及自一九九六年起之中央社英文新聞。
- **天下雜誌**（https://www.cw.com.tw/）：利用關鍵字，可搜尋出特定產業或企業的過往分析報導。
- **商業周刊知識庫**（https://www.businessweekly.com.tw/archive/）：利用關鍵字，可搜尋出特定產業或企業的過往分析報導。
- **慧科大中華新聞網**（http://wisesearch.wisers.net.tw）：含臺灣之蘋果日報、民眾日報、The China Post、今周刊、商業周刊……等六十餘種報紙雜誌，主要可回溯至一九九八年，但非逐篇收錄，僅選錄部分新聞。

③ Dow Jones Factiva 涵蓋所有海外資訊

　　Dow Jones Factiva 的特徵是涵蓋海外的各種資訊。除了 Dow Jones 的報導資訊之外，更網羅了路透社、每日新聞、產經新聞和讀賣新聞等主要各大報，以及地區新聞和業界新聞。

3　查詢《業種類別審查事典》

　　在調查業界環境的初期階段，有幫助的書籍是金財（金融財政現況研究會）出版的《業種類別審查事典》。這套叢書共十冊，記載了業界的特徵和市場規模等基本資訊。在初期階段應能幫助我們掌握業界的概況。審查事典中記載的參考數據，都會註明資料出處，因此，也能用來調查外部資料。雖然此事典要價不菲，但多數圖書館都有收藏，若是

負擔不起買書的價格，可以去圖書館尋找藏書。然而，因為這套書並非每年更新，發行後經過一段時間，業界的情況可能已發生變化。目前最新版於二○一六年一月發刊。

2-2 金財《業種類別審查事典》刊載的主要業種

第一冊	農業、畜牧業、水產業、食材、飲料
第二冊	紡織、纖維、皮革、生活用品
第三冊	木材、紙漿、化學、能源
第四冊	鋼鐵、金屬、非鐵金屬、建築、環境、廢棄物處理、防衛
第五冊	機械器具（一般、電器、電子、精密、運輸）
第六冊	不動產、住宅相關、餐飲業
第七冊	服務相關產業（廣告、顧問）、學校、地方公共團體
第八冊	美容、化妝品、醫藥、醫療、福祉、商品零售、寵物
第九冊	服務相關產業（運輸、旅行）、運動聯盟、娛樂
第十冊	金融、租賃、印刷、出版、資訊通信

T 台灣版資訊　　「產業／業種類別之分類」台灣哪裡找？

台灣政府官方與學術研究單位，在產業分類上略有不同，修訂之頻率與日期也不盡相同，讀者可多加研讀比較。

- **「行政院主計處」**依據聯合國最新版「國際行業標準分類」（International Standard Industrial Classification of All Economic Activities，簡稱 ISIC）為基準，於二○一六年一月第十次修訂後（每五年修訂一次），將台灣產業分為 19 大類、88 中類、247 小類、517 細類。詳見中華民國統計資訊網：https://www.stat.gov.tw/ct.asp?xItem=38933&ctNode=1309&mp=4）

- **「台經院產經資料庫」**是國內唯一研究台灣全部產業的資料庫，提供台灣全部產業 27 大分類，84 中分類的產業相關資訊。其中內含的六大資料庫包括「研究分析報告資料庫」、「產業景氣信號資料庫」、「企業資料庫」、「產銷存統計資料庫」、「進出口統計資料庫」、「相關參考資訊資料庫」等，資料相當豐富完整，有興趣的讀者可以付費瀏覽下載。

- **「公開資訊觀測站」**上詳載台灣上市、上櫃、興櫃企業的重要資訊，其中可依「產業別」來查詢，可一窺上市、上櫃、興櫃企業的產業分類。舉例來說，目前上市公司共分為水泥、食品、塑膠等 31 大類產業，詳見：http://mops.twse.com.tw/mops/web/t123sb09_q1

④ 取得民間調查報告書

接著是「調查報告書」，亦即取得民間調查報告書。相對於報導資訊的關鍵基礎是「點」狀資訊，調查報告書能夠蒐集業界和主題的資訊，也就是能夠取得由「線」到「面」為單位的資訊。具體的例子為取得以下的資訊為目的。

1）業界市場規模與變化
2）競爭企業名稱與市占率

視狀況不同，有時候能夠找到詳細說明製品與服務的報告。但是，一味尋找調查報告書，效率極低。因此，必須先了解市場調查公司的特性。

2-3 主要市場調查公司與其特性

公司名	地區資訊	特性
矢野經濟研究所	以國內為主	以國內為主，網羅廣泛的業界資訊
富士經濟		以國內為主，網羅廣泛的業界資訊
IDC	國際化資訊	擅長 IT 相關業界，以全世界為發展目標
Gartner		擅長 IT 相關業界，以全世界為發展目標
IHS		擅長製造業，以全世界為發展目標
Freedonia Group		擅長製造業，以美國為主，亦包含國際化資訊
Euromonitor		擅長消費品、服務業界，以全世界為發展目標
BMI Research		擅長消費品、服務業界，以全世界為發展目標
Datamonitor		擅長醫藥品業界，以全世界為發展目標

①國內市場以矢野經濟研究所和富士經濟最具公信力

首先，為各位介紹矢野經濟研究所和富士經濟，這兩個單位廣泛調查日本國內市場。調查對象的業界從消費品到生財器具，種類十分繁

多。有時候會從業界主要的市場規模和市場占有率切入,再延伸到介紹製品與服務。

　　但是,這兩個單位並不會針對所有業界每年更新數據。依據業界不同、更新的頻率也不同,因此必須經常注意最新版的訊息。矢野經濟研究所每年發行一本《日本市場事典》(附 CD-ROM),取得之後,對國內市占調查相當有幫助。

T 台灣版資訊　　「重要市場/產業研究調查單位」台灣哪裡找?

在台灣,有不少市場與產業研究單位定期發布重要資訊與趨勢報告,極具參考價值,列舉如下:

研究單位名稱	特色
台灣經濟研究院	研究範圍涵蓋台灣所有產業。
工業技術研究院	以工業與科技產業研究為主,旗下設立包含生醫、資通、綠能與環境等研究所,並出版機械工業、工業材料、電腦和通訊等雜誌與期刊。
資策會 產業情報研究所(MIC)	主要鑽研資訊與通信(ICT)產業各領域的技術、產品、市場及趨勢研究。
TrendForce(集邦科技)TRI 拓墣產業研究院	以高科技為主,記憶體、LED、綠能和光電為其強項,TRI 拓墣產業研究院特別專注於大中華區域科技產業趨勢研究。
台灣趨勢研究	針對特定產業不定期公布產業之分析專題。

---

②由外商調查公司取得國際市場數據

　　若想取得全世界市場規模和市場占有率的資訊,一些外商調查公司都提供國際化服務,由此著手,助益極大。具體來說,先記住 IDC、Gartner、IHS、Freedonia Group、Euramonitor、BMI Research、Datamonitor 這幾家公司。IDC 和 Gratner 擅長 PC、伺服器、儲存裝置、印表機等 IT 軟硬體領域,同時也涉獵部分製造業。依據不同業界,更新頻率也不相同,針對某些產業,每季都會推估出貨量和市場規模,以印表機產業為例,這兩家公司推估的市場規模和市占率,都是重要的基準指標。

IHS 的調查以半導體、汽車等製造業為中心。Freedonia Group 也是一樣以製造業為中心。Euromonitor 和 BMI Research 則擅長日用品、成衣等消費品和服務產業的調查。

基本上，矢野經濟研究所和富士經濟的調查報告書，都集中於網羅基本資訊，因此取得這兩家公司的調查報告書十分重要。另一方面，針對市場占有率和市場規模，外商調查公司的數據是業界內的重要基本指標，最好是先利用網路確認是否能夠取得。

T 台灣版資訊	「外商調查公司」在台灣有服務據點者，哪裡找？

在台灣有服務據點、可於官網查到中文產業研究報告的外商市場調查公司，或是在台代理國外研究單位的資訊公司，列舉如下：

公司名	地區資訊	特性
IDC（國際數據資訊有限公司）	國際化資訊	可付費查閱中英文版研究報告。https://www.idc.com/tw
日商環球訊息有限公司（Global Information, Inc.）		代理全球超過 300 家出版者的市場調查報告書。可以以產業別篩選出各產業最新的研究報告書。https://www.giichinese.com.tw/report/
量子訊息（Quantum Information Ltd.）		提供來自全球超過 60 家市調研究機構的研究報告與資訊。http://www.marketresearch.com.tw/
Gartner		台灣服務電話 +886 2 8758 4300，https://www.gartner.com/en
尼爾森		不定期出版市場洞察等報告，主要聚焦於消費型產業。https://www.nielsen.com/tw/zh.html
Kantar TNS		主要聚焦汽車、民生消費、金融、科技產業。http://www.tns-global.com.tw/

5 尋找公家調查報告

　　到目前為止，為各位介紹了民間調查公司的報告書，但公家機關的調查報告書也具有參考價值。中央省廳的審議會等單位，都會針對特定業界整理成調查報告書。中央省廳會把調查報告書放上網站，在網路上使用關鍵字搜尋，往往能夠找到有效的資訊。

T 台灣版資訊　　「公家機關調查報告」台灣哪裡找？

- 經濟部統計處定期（每月、每季、每年）針對特定產業（如製造業、批發、零售及餐飲、資訊服務業等）進行實況調查，讀者可下載參考。詳見 https://www.moea.gov.tw/Mns/dos/content/Content.aspx?menu_id=6712
- 經濟部（https://www.moea.gov.tw）不定期出版產業研究報告，可依此路徑查詢：【首頁】→【資訊與服務】→【資訊公開】→【施政計畫、業務統計、研究報告、出國報告】。
- 經濟部國際貿易局經貿資訊網（https://www.trade.gov.tw/）分享了許多海外市場、不同產業的研究報告，比如「駐外機構專題報告」（https://www.trade.gov.tw/Pages/List.aspx?nodeID=1827）揭露不同地區（亞洲、歐洲、北美等）重要貿易產業深入研究報告。

---

6 實施初期調查的管道

①先從網路著手調查

　　在初期調查階段，每次想尋找補充資訊時，大多都是先從網路開始搜尋。例如，是否有目標業界的相關資訊？能否取得市場規模的資訊？坊間有什麼樣的調查報告書？上述種種資訊，都可以利用網路來搜尋。在調查世界市場時，有時候用日語找不到相關資訊，這時候改成用英語來搜尋較有效率。

　　利用網路搜尋蒐集資訊到某種程度後，下一步就是去圖書館尋找調查報告書、統計資訊和市占資訊。以下就為各位介紹一些有幫助的圖書館。

②日本貿易振興機構商務圖書館（JETRO Business Library）資料充實

　　日本貿易指興機構（JETRO）的商務圖書館使用門檻最低，在這裡可以找到各種調查報告書和業界統計等平面媒體的資訊。再者，館藏當中也有日本以外發行的書籍，例如，可以在此閱覽中國的業界資訊（但語言是中文）。

> **T 台灣版資訊　日本貿易振興機構商務圖書館（JETRO Business Library）暫已關閉。**
>
> 根據 JETRO Business Library 官網顯示，該圖書館自二〇一八年二月底已關閉不提供服務，詳見 https://www.jetro.go.jp/en/jetro/lib/

③國會圖書館收藏豐富的新聞報導

　　國會圖書館藏書非常多，包括新聞報導和調查報告書等，想尋找較長期的資訊時，是一個很有幫助的地方。但是，若想取得新聞報導的影本，必須請職員協助，申請的手續十分繁雜費時，想在短時間內蒐集資訊略顯困難。

> **T 台灣版資訊　台灣「國家圖書館」新聞資料完整豐富**
>
> 台灣「國家圖書館」之「電子資料庫」，提供相當豐富的新聞資料查詢服務，但多數僅能在國家圖書館的網域內查詢使用。詳見 http://esource.ncl.edu.tw/esource.htm?from= 或 http://readopac.ncl.edu.tw/ncl9/newspaper/title.htm

④業界圖體的圖書館收藏充實的業界資訊

　　出乎意料的是，業界團體的圖書館經常被忽略掉。舉例來說，機械業界的一般財團法人機械振興協會，擁有一間名為 BIC Library 的圖書館，裡面收藏著機械業界的業界統計手冊等長期數據。汽車業界的日本汽車工業會也有一間汽車圖書館。想調查長期數據時，業界團體的圖

書館絕對是個好地方。

T 台灣版資訊　　**台灣「業界圖書館」哪裡找？**

台灣也有一些產業界或學術界經營的圖書館，列舉如下：

- 財團法人紡織產業綜合研究所圖書館 https://www.ttri.org.tw/
- 台灣經濟研究院圖書館 https://library.tier.org.tw/
- 華文專業鋼鐵網 http://www.steelnet.com.tw/library.do

---

⑤ MDB 是調查報告書的寶庫

日本能率協會綜合研究所的 MDB（Marketing Data Bank）閱覽室服務網站，雖然是付費服務，但是收錄許多調查報告書，而且也能搜尋需要的資訊，使用起來相當方便。

2

思考業界分類方法

① 依用途分類

接下來談到初期調查蒐集資訊之後，該從哪個觀點切入分析。首先，以蒐集到的資訊為基礎，將業界整體分為各種類型。我所能想到的探討基準，主要區分為以下三類：

1）依用途分類
2）依地區分類
3）依製品、服務分類

了解買方用途的比例，就能判別出哪個產業帶來的影響最大。以工作機具業界為例，由日本工作機具工業會所做的工作機具業界國內用途類別訂單量變化調查（次頁圖表 2-4）來看，最大的用途是一般機械，進一步細分的話，還可分為模具業界和建築機械業界等，在這些複數業界當中，汽車業界是其中占有最大基數的單一產業。

二〇〇八年雷曼衝擊之前，汽車業界在工作機具產業中，占有極大訂單比例，但自從雷曼衝擊發生到二〇〇九年之間，一時急遽減少，之後又逐漸增加，再度成為工作機具產業的大宗用戶。

由此可知，汽車產業的設備投資動向，會連帶左右其他業界的業績。

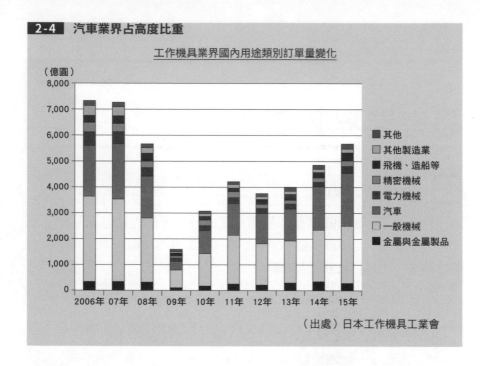

2-4 汽車業界占高度比重

工作機具業界國內用途類別訂單量變化

（億圓）

■ 其他
□ 其他製造業
■ 飛機、造船等
■ 精密機械
■ 電力機械
■ 汽車
□ 一般機械
■ 金屬與金屬製品

（出處）日本工作機具工業會

2　依地區分類

　　另外，若能得知依地區分類的比例，就能了解哪個地區的需求動向會影響整個產業。讓我們來看看堆高機業界的案例（次頁圖表 2-5）。

　　在堆高機業界中，有一項整合各國業界團體數據的調查，名為WITS（世界工業車輛統計，World Industrial Trucks Statistics），從中能夠得知世界市場地區販售台數。從不同地區的販售台數動向來看，雷曼衝擊之後，對亞洲市場造成非常大的變動。因此，我們可以得知亞洲的需求動向，足以左右業界的業績。

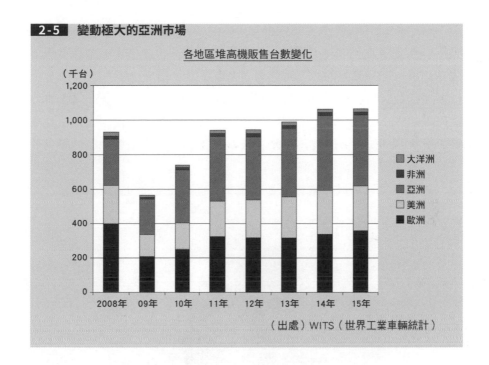

2-5　變動極大的亞洲市場

各地區堆高機販售台數變化

（出處）WITS（世界工業車輛統計）

3　依製品、服務分類

　　找出可以帶來最高收益的製品或服務，是一件重要的工作。雖然最大宗的分類，往往是最高的收益來源，但也未必一定如此。為了洞悉業界結構，必須事先掌握類別資訊和收益變化之間的關係。

　　以下就來看看建築機械製品類別的實例。二〇一五年十二月，我正執筆撰寫本書，建築機械業界持續面臨嚴峻的情況。據說主要原因是中國建築機械市場和礦山機械市場，兩者需求量減少造成的影響。礦山機械意指使用於礦山的大型工作機具。雖然礦山機械市場僅占業界整體兩成營業額，卻影響到整個業界的業績，由此可知，礦山機械帶來的利潤，在主要製品中多於較高的項目。

　　收益來源不僅可由製品、服務類別來判斷，有時候也能依據地區或用途類別來評估。以下就用軸承這項機械零件為例來說明。

　　根據軸承市占率最高的製造商 SFK 調查顯示，全世界軸承市場中，

有四成出貨給汽車業界，三成多是一般產業，剩餘的三成則出貨給盤商。一般產業意指汽車業界以外的產業，而盤商大多供貨給廠商做售後服務使用。軸承業界的主要廠商都是大型企業，屬於一種寡占市場，但根據 NTN 決算資訊中公布的報酬率來看，供給一般產業帶來的報酬率，比汽車業界的利潤還高。其中的原因在於，汽車業界都使用大量生產的標準品，而一般產業的訂單生產量較少。甚至有些大型製品屬於特殊規格訂製品，報酬率自然較高。

　　因此，開拓一般產業客戶，是該業界提高收益性的關鍵。

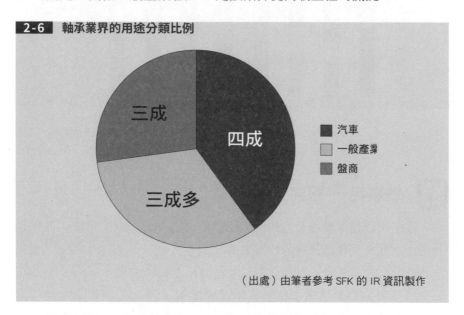

2-6　軸承業界的用途分類比例

三成　四成　三成多

■ 汽車
□ 一般產業
■ 盤商

（出處）由筆者參考 SFK 的 IR 資訊製作

　　透過用途、地區及製品、服務來做業界分類，找出左右業績的關鍵是何種類別，即是掌握業界結構的重點所在。

3

考量有無季節性

　　下一步，即是確認業界是否具有季節性。每個業界都會因季節產生不同的影響，忽略季節影響來判斷業績好壞，是一件危險的事情。以下就讓我們看看季節的影響有哪些類別。

1　年底需求量增加最多的業界

　　年底需求量增加最多的業界，大多是與個人消費相關的商品。典型的例子是百貨業界，聖誕節前後的折扣戰與歲末出清特賣，都會提高十二月份的個人消費。

2　年度末需求量增加最多的業界

　　年度末需求量增加最多的業界，最具代表性的例子就是建築產業。年底或年度末需求量大增的業界，原因多是顧客為了消化預算所致，特別是公共事業團體，年度末的需求量增加最多。除了公共事業以外，日本公司的會計期間，大多採三月結算制，因此，三月份年度末之際，許多業界為了消化預算，自然帶動需求量提升。提供建築用機械裝置的建築機械業界，每逢年底或年度末，也是需求量增加最多的產業。同樣是建築機械業界，在中國則是舊曆年的春節開工時期，需求量增加最多，各國風俗民情都會產生不同影響，這一點必須注意。

3　夏季需求量增加最多的業界

　　夏季需求量增加最多的業界，最具代表性的例子是觀光業。由於七～八月份是暑假，例年夏季都是訪日觀光客人數和出國旅遊觀光客人

數增加最多的時期。 另外，家用空調在六～七月份迎接夏季時，也是一整年當中，需求量增加最多的時期。

4　其他因應時期具有季節性的業界

除了上述介紹的產業以外，還有其他具有季節性的業界，智慧型手機廠商投資機械設備也是一例。 智慧型手機市場，特別是 iPhone，往年都會因應年底折扣戰，在九月左右推出新機種。 為了配合這個時期開發製品所需，每年一至三月第一季，對設備的需求就會開始增加，四至六月第二季達到最高峰。 另外，iPhone 的新機種和後續改良版，所需的設備投資規模亦不相同。 具體來說，iPhone6 問世時，因為尺吋不同於過去機型，必須改變規格，因此，更新機械設備的需求自然較高。 而為了與 iPhone6 對抗，中國智慧型手機等競爭廠商也會著手開發新機種，設備需求也會大幅增加。 但是，當 iPhone6s 上市時，因為尺吋沒有大幅改變，和 iPhone6 問世時相比，機械設備的需求也相對減少。

再者，農業機械產業會因為製品不同，需求增加的時期也相異。例如，春天插秧之前，插秧機的需求會變高，而秋天收穫之前，收割機的需求則會大增。 像這樣的業界，需求增加的時期會因季節而分散，這一點必須注意。

5　季節性的確認方法

接下來談談，對於自己所處的業界，該怎麼判斷季節性的差異。簡單來說，有兩種方法：1）陳列比較每月數據、2）取得上年度同月比。無法取得每月數據時，就以各季度數據和上年度同期相比。 羅列數年分的數據，找出需求量總是增加或減少的特定時期，就能看出該產業的季節性。 這個方法的重點在於，看出一年之中需求量呈現高峰和低谷的時期。 若能取得上年度同月比（或是上年度同期比），就能用消除法看出需求量高峰與低谷的季節性，當我們找出需求量的高峰與低谷，就比較容易判斷需求的增加是季節性的影響，亦或是其他因素造成的結果。

6　季節性的應用論點

若能理解業界的季節性，還可引申出其他不同觀點。典型的例子就是發生事件造成的需求增減，以消費稅提高為例：二〇一四年四月，日本政府將消費稅從 5% 提高至 8%，而新稅制上路的前後，出現了兩種變化。一是增稅前預期心理帶來的需求增加，二是增稅後的反彈造成需求減少。在消費稅增加前，人們預期增稅後物價上漲，紛紛趕在改制前購入商品；因此，愈是高級的消費品就愈多人買。而增稅之後，人們反而控制購買慾，總體消費額也隨之下滑。消費稅影響甚鉅，舉凡建築、汽車、家電等個人消費的相關業界，全都遭受波及。除此之外，希望各位可以養成習慣，去觀察當社會上發生各種事件時，對哪些業界會造成影響。例如，假設某年夏季氣溫卻偏低，對什麼業界會產生什麼影響呢？這種情況下，最典型的影響就是農作減少，除此之外，由於農家所得變低，可預期對農業機械的購買需求也會隨之下挫。另外，家用空調的消費量，可想而知也會降低。相對來說，下一年和今年相比的話，就會因為今年需求降低，導致上年度同期比容易顯示為正數。只要平常記住發生過的事件，就能預測隔年可能發生什麼狀況。

7　掌握中長周期循環

了解業界每年季節性的影響之後，接下來我們再來談談長期循環。基本上，就是因景氣變動等外部環境因素，造成業界需求動向改變，但有些業界中存在著中長周期循環。例如智慧型手機的設備投資周期約為兩年，這種情況大多是受到 iPhone 機種開發周期的影響。iPhone6 上市時，工作機具和工業機器人等機械設備的投資額增加，但 iPhone6s 發布時，因為機殼尺吋相同，只有外觀些微變更，因此不像 iPhone6 上市時，帶動那麼高額的設備投資。另外，半導體業界也有所謂半導體周期，大約是四年會發生一次周期變動。理解各產業周期是景氣影響造成，或是業界特性所致，是一件重要的工作，建議各位平常就養成蒐集相關資訊的習慣。

4

確認法規動向

　　除了季節性以外，另一項掌握業界結構的重點，就是法規動向。雖然各業界的法規各有不同，但法規是投入業界的門檻，因此，掌握業界法規很重要。即使是相同業界，也可能因為國家不同，採用的法規基準也不盡相同。以下舉出三個型態做為例子。

1　因國家法規不同造成阻礙的例子

　　首先，是因國家不同，法規基準跟著相異的例子。典型的例子就是馬達產業；因為馬達的法規基準會因國家而異。即使是國內的主要企業，為了出口到海外提升市占率，也必須想辦法符合該國法規。除此之外，電力機器等也是會因國家法規相異，形成進入業界的一項阻礙。

2　因法規取得優勢的例子

　　接著談談因法規取得優勢的例子。以全球為觀點來看，某個特定地區或事業公司採取的方式，事實上已經成為一種標準。舉例來說，鐵路車輛有國際規格，鐵路車輛業界必須遵守一項國際法規名為 IRIS（國際鐵路行業標準），這項法規源自歐洲提出的標準化。歐洲國家廠商在全世界鐵路車輛業界的市場占有率極高，因此歐洲基準便成為國際規格。日本企業想投入歐洲地區並提高市占的話，就必須先想辦法遵守國際規格，事實上也就是一項投入市場的阻礙。相對的，對歐洲廠商而言，這項法規則形成優勢。

　　另外還有一項事實標準（de facto standard），亦即由事實產生的標準規格。最典型的例子就是過去 VHS 與 Beta 的競爭，還有藍光與

H-DVD 的競爭。對於訂定事實標準的企業而言，擴張市場規模愈能發揮其優勢，然而，對於在事實標準競爭中敗陣的企業而言，則會造成莫大的損失。而且，這些相關企業必須遵守已確立的規格，因此也就形成受到規格制約的情況。

3　因法規造成需求迅速成長的例子

　　法規有時候也會造成需求迅速成長，典型的例子就是節能減碳的法規。大貨車、建築機械和農業機械等，都有引擎排氣量的限制，當法規修改得更為嚴厲時，總會帶動換購的需求。這個例子和 1 的情況相同，法規會因國家而異，在導入新法規之際，若正好碰上景氣不佳的時期，可能因換購帶起的需求，使整個產業景氣重新復甦。相對的，所有廠商全都換購完成後，容易造成一波需求反動減少，對此我們應該掌握情勢變化的時機。隨著加強推動法規執行，提供相關設備的企業，會因為換購而提高需求，而不合乎法規基準的企業，則會在競爭上落後其他對手。

5

考量業界風險的主要原因

　　第 3 ～ 4 節我們提到季節性和法規動向的影響。這一節，讓我們一起思考除此之外的風險因素。舉例來說，有 1）原物料價格（購入價格）、2）匯率、3）製品價格和 4）其他影響需求動向的變動因素等。

1 原物料價格

　　首先，談談原物料價格（購入價格）。原物料價格高漲時，業界影響。相對的，原物料價格降低時，對業界而言是一大利多。舉例來說，當建築材料價格高漲，導致住宅建商購入成本上升，販售價格也會因此提高，將使得業界的收益性降低。另外，網路購物業界委託宅配業者的運輸成本上升時，業界的收益性會降低；陸運產業若遇到石油價格上漲，則會導致業界收益性下降。

2 匯率

　　第二個因素是匯率。匯率可能對業界帶來正面和負面影響，而且結果十分明顯。因匯率造成日圓下跌時，原則上，對出口產業有正面影響。原因在於，日圓貶值會使輸出海外的商品價格下跌，相較於各家國外廠商，出口商品在價格上的競爭力將會提升。相對的，日圓下跌對進口產業則有負面影響，因為進口原物料價格高漲。然而，近年來，本國貨幣匯率下跌，未必對出口產業帶來正面影響。二〇〇八年雷曼衝擊之後，各家廠商紛紛將產線移至海外出口國，因此日圓下跌不一定會讓廠商獲得匯率上的優勢，因此還是必須觀察、分析個別產業。

3　製品價格

　　第三點，是製品價格。製品價格下滑，對業界將帶來負面影響。製品價格變動激烈的例子，最常見就是半導體產業。舉例來說，個人電腦和智慧型手機的儲存裝置，是由DRAM記憶體組成，而DRAM的供需變動非常激烈，連帶使得製品價格也極不穩定。結果造成需求急遽減少時，價格也迅速下滑。由於供需變動太過激烈，日本唯一大型DRAM製造商爾必達（Elpida memory）在二〇一二年，因為經營不善而被迫依企業更生法中請破產。製品價格會因供需平衡的變化而改變，也會因技術革新或競爭激烈而改變。相對來說，製品價格容易上漲的業界，也可以說是需求變動較強烈業界。

4　間接變動要素

　　其他還有一些即使沒有直接相關，仍會造成間接影響的變動要素。舉例來說，原油價格與建築用吊車業界；稻米價格與農業機械業界等關係。由於建築用吊車是附帶車輪的吊臂，無法用於海洋上的原油採掘作業。但是，北美能源產業專案卻使用吊車，因而產生間接性的影響。另外，農業機械的買方都是農業從業者。雖然米價的變動與機械的營業額沒有直接關係，但米價的變動卻能影響農業從事者的收入。因此，當米價下滑時，農業機械的需求也會隨之減少；相對的，米價上漲時，也容易造成機械需求增加。工作機具、射出成形機和沖壓機等，都是汽車業界相關的投資設備，一旦汽車業界產量長期減少，可能造成設備投資減少，因此，汽車業界的生產動向也是一項關注重點。上述的例子，都不是直接相關的變動要素，但是在觀察業界需求動向時，有一些間接造成影響的變動要素，也是必須關注的基準指標。找出是否存在間接影響的指標，是掌握業界結構的重要工作，請各位務必牢記在心。

6

掌握製品技術與服務的
未來走向

1 業界重組的走向

　　接下來，我們一起調查業界的製品與服務的未來走向。藉由調查過去的業界動向，可以看出業界的走向。某種程度上，已經在全世界建立起市場規模的業界，最容易發生業界重組的情況。讓我們以造船產業為例，繼續討論下去。造船產業的主要企業都集中在日本、韓國與中國，中國的廠商更是逐漸坐大，使得日本造船企業不得不在業界重新洗牌。如今，日本的造船企業數量已銳減許多，但全世界造船產業整體工作量（相當於訂單總額），仍維持著二〇〇八年的一半水準，由此可知，今後該業界可能再次發生重組。

　　另外，堆高機業界也因為 M&A（合併與收購）的關係，業界重組成為不可避免的結果。堆高機業界不同於造船產業，全世界販售台數已成長至超過雷曼衝擊前的水準，但各企業之間的競爭仍舊激烈，近年來合併經營的情況愈演愈烈。二〇一二年，日立建機子公司 TCM 和日產堆高機合併經營，成立了 UNICARRIERS 集團，另外在二〇一三年，三菱重工業的堆高機事業部和力至優（NICHIYU）合併經營，組成力至優三菱堆高機，而三菱重工業也形成一家集團式企業。承上所述，企業合併經營的速度愈來愈快，可預見今後該業界的企業數量將繼續減少。由此可知，過去曾歷經重組的業界，未來發生重組的可能性極高。

2 市場擴大的動向

接下來必須了解的重點，是市場擴大的走向。在一個國際化市場的業界裡，必須隨時掌握市場變化。將市場依用途、製品與服務、地區來分類，我們必須了解業界將朝向哪一種類型擴張。而且，業界擴張的走向，並不限於現在占有較大比例的類型。舉例來說，大貨車業界的主要市場是東南亞，而改裝大貨車的業界主要市場在日本，雖然海外營業額比例不像大貨車那麼高。車載型吊臂和傾卸式貨卡，都是用大貨車改裝而成，雖然市場規模不比大貨車業界，我們仍可預見改裝車業界的市場將擴展至東南亞。再以製造業為例，二〇〇八年雷曼衝擊以來，許多廠商都積極開拓海外市場，首選的地區是中國。然而近年來，地區和業界都會導致趨勢變化的差異。

2-7　改裝車業界向東南亞發展的比例

傾卸車	＜	車載型吊臂	＜	大貨車

※ 車載型吊臂和傾卸車都是改裝大貨車製成，屬於改裝車的一種

調查市場環境與競爭環境

Statistics,
Share,
Strategy

1

調查經濟統計（Statistics）

1　主要的政府統計

①經濟統計的種類

　　本章的學習重點是經濟統計的種類。經濟統計分為許多種類，若從國家經濟統計的觀點來看，大致分為：初次統計和二次統計。

3-1　國家經濟統計種類		
初次統計	動態統計	掌握產業活動短期動向的統計
	結構統計	掌握產業結構的基礎統計
	企業統計	掌握企業活動的統計
二次統計	（加工統計）	利用初次統計數據加工完成的統計資訊

　　初次統計意指以製作統計資料為目的，透過調查取得的統計結果。與此相對，二次統計為利用初次統計數據，加工完成的統計資訊，故亦稱為加工統計。

　　初次統計又大致分成兩項，亦即動態統計（掌握產業活動短期動向的統計）和結構統計（掌握產業結構的基礎統計），另外還有一項企業統計（掌握企業活動的統計）。動態統計的例子，就是生產動態統計調查和商業動態統計調查；結構統計的例子，就是工業統計調查和商業統計調查；企業統計的例子，就是資訊通信業基本調查。另外，二次統計的例子，就是透過國民經濟計算的結果（GDP 統計）。

以上介紹了各種統計，但在調查市場規模時，該以哪個統計結果做為參考呢？

一開始應該先看動態統計。透過動態統計的結果，可以掌握產業活動短期動向，如此一來，不僅能夠取得年度數據，或許還能得知每月數據和每季數據。

結構統計的目的是掌握產業結構，在需要取得詳細的年度數據時，能夠發揮極大的效用，但如果想掌握每月數據和每季數據等近期市場動向，則不適合使用結構統計。

②經濟產業省統計的種類

調查市場規模之際，可信度最高的資訊，就是經濟產業省所做的經濟統計，因為經濟產業省管轄的產業範圍很廣，包括礦工業、商業和服務業。以下，就是經濟產業省提出的主要經濟統計。

3-2 經濟產業省的主要經濟統計

統計的領域		礦工業	商業	服務業
初次統計	結構統計	經濟普查－活動調查（五年）		
		工業統計調查（每年）（注1）	商業統計調查（五年）（注2）	特定服務產業現況調查（每年）（注1）
	動態統計	生產動態統計調查（每月）	商業動態統計調查（每月）	特定服務產業動態統計調查（每月）
	企業統計	資訊通信業基本調查（每年）		
二次統計	（加工統計）	礦工業指數（IIP）（每月）	三級產業活動指數（每月）	
		全產業活動指數（每月）		

（注1）經濟普查－不包含實施活動調查的上年度數據。
（注2）經濟普查－實施活動調查兩年後。

經濟產業省的經濟統計涵蓋許多範疇，上圖僅擷取企業研究相關項目，我們可以藉此大致觀察出業種的差異。觀察礦工業時，相關的項目有三個，分別是工業統計調查、生產動態統計調查與礦工業指數

（IIP）。觀察商務產業就必須掌握商業動態統計調查、三級產業活動指數。若想觀察服務業，則必須仰賴特定服務產業現況調查、特定服務產業動態統計調查、三級產業活動指數。觀察資訊通信產業需要仰賴資訊通信業基本調查和三級產業活動指數。

經濟普查活動調查是由二○一二年開始，五年執行一次的大規模基本調查。剛才已說過，調查短期產業活動稱為動態統計。在礦工業即為生產動態統計調查，商業則是商業動態統計調查，服務業則是特定服務產業動態統計調查。這些調查都是以月份為單位，製作、發布統計結果，有助於掌握更近期的市場動向。另外，資訊通信業界仰賴資訊通

［T］台灣版資訊　　台灣主要的經濟統計內容

對比經濟產業省，台灣可信度最高的官方單位是經濟部統計處（https://win.dgbas.gov.tw/dgbas03/bs7/calendar/calendar.asp?SelOrg=11）。經濟部統計處提供統計資料種類，包括礦產銷量、工業生產、製造業投資和營運等進行統計，預告統計資料發布時間表。
例如，統計處會定期公布各項產業報告（詳如下）。從經濟部統計處→【首頁】→【調查總覽】可以查閱。

期別	名稱
按月調查	外銷訂單調查
	工業產銷存動態調查
	批發、零售及餐飲業營業額調查
按季調查	製造業投資及營運概況調查
	資訊服務業、專業技術服務業、租賃業調查
按年調查	外銷訂單海外生產實況調查
	工廠校正及營運調查
	批發、零售及餐飲業經營實況調查

而行政院主計總處（https://www.dgbas.gov.tw/）則是台灣統計數據最高的官方單位。從首頁即可連結到中華民國統計資訊網（https://www.stat.gov.tw/），此為行政院主計總處主要對外查詢的介面與平台，利用對象區分一般民眾、專業人士、兒童／學生，會有不一樣的搜尋介面。可查詢包含物價指數、國民所得、家庭收支、就業失業、薪資與生產力等統計數據。

信基本調查。但很可惜的是，該業界的調查都是公布每年的調查結果，因此僅能取得年度數據。基本上，只要善用生產動態統計調查、商業動態統計調查、特定服務產業動態統計調查和資訊通信業基本調查，就能掌握市場規模。

再者，生產動態統計調查原本就是跨業界經濟統計的總整理。具體來說，組成的資訊如下：鋼鐵、非鐵金屬、金屬製品統計年報、化學工業統計年報、窯業與建材統計年報、資源與能源統計年報、機械統計年報、纖維與生活用品統計年報、紙張與印刷、塑膠、橡膠製品統計年報。目前的做法是整理上述統計年報，並依領域別另外編製結果。

另外，商業動態統計調查的對象如下：由批發業和零售業之中剔除代理商與仲介業者。另外，百貨商店、超市、便利超商也是統計對象。

特定服務產業動態統計調查，則由事業所服務業與個人服務業構成。事業所服務業又細分為動產租賃（長期）業、動產租賃（短期）業、資訊服務業、廣告業、信用卡產業、工程安裝業、網路附屬服務業、機械設計業、汽車租賃業、環境計量認證業。

個人服務業有高爾夫球場、高爾夫練習場、保齡球館、遊樂園與主題樂園、小鋼珠店、葬儀業、婚禮宴客廳產業（企業調查）、外語補習班、健身俱樂部、升學補習班。

3-3　生產動態統計主要領域

現在名稱	舊名稱
鋼鐵、非鐵金屬與金屬製品統計篇	鋼鐵、非鐵金屬與金屬製品統計年報
化學工業統計篇	化學工業統計年報
資源、窯業與建材統計篇	窯業與建材統計年報、資源與能源統計年報
機械統計篇	機械統計年報
纖維與生活用品統計篇	纖維與生活用品統計年報
紙張、印刷、塑膠製品與橡膠製品統計篇	紙張與印刷、塑膠、橡膠製品統計年報

（出處）經濟產業省網站

礦工業指數（IIP）和三級產業活動指數，是觀察該產業活動狀況的兩項重要指數。礦工業指數可用於掌握礦業、製造業的生產活動，三級產業活動指數可掌握三級產業活動，兩者皆為指數用的資訊。透過這些指數都能看出景氣動向，其中礦工業指數更是評估景氣動向時，參考的重要指標（同時指標），是多數企業關注與使用的依據。因此，透過礦工業指數評估市場規模較不具效益，該指數更適合用於掌握景氣狀況。

> **T 台灣版資訊　　台灣各產業的統計月報／季報／年報**
>
> 經濟部統計處也針對外銷訂單、批發、零售餐飲、工業生產等行業，定期進行統計資料，提供電子書和資料庫查詢（https://www.moea.gov.tw/Mns/dos/content/Content.aspx?menu_id=6989）。

③其他行政單位的統計

接下來，為各位介紹其他行政單位所做的統計。農林水產省負責農林水產領域，國土交通省負責運輸領域，厚生勞動省負責藥事領域，總務省負責資訊通信領域，各行政單位皆針對其管轄領域，整理出各項統計資訊。然而，不同於經濟產業省的統計，並非每個單位都保存按月整理的統計資訊。再者，有些領域可能已終止統計作業，因此在查詢資料前，必須先確認各單位持有的資訊。

3-4 各行政單位的主要統計

單位名稱	統計名稱	更新頻率
國土交通省	建築動工統計調查	月次
	建設工程承包動態統計調查	月次
	建設總合統計	月次
	主要建設資材月別需求預測	月次
	造船造機統計調查	月次
	鐵路車輛等生產動態統計調查	月次
	大貨車運輸資訊	月次
	汽車運輸統計調查	月次
	鐵路運輸統計調查	月次
	航空運輸統計調查	月次
	內航船舶運輸統計調查	月次
	港灣調查	月次
	汽車燃料消費量調查	月次
農林水產省	食品產業動態調查	月次
	作物統計	年次
	特定作物統計調查	年次
	畜產物流通調查	年次
	花木等生產狀況調查	年次
	木材供需表	年次
	漁業生產額	年次
	海面漁業生產統計調查	年次
	產地水產物流通統計	月次
	水產加工統計調查	年次
	淡水漁業生產統計調查	年次
厚生勞動省	藥事工業生產動態統計調查	月次
總務省	通信、播放產業動態調查	月次
	資訊通信業基本調查	年次
	通信利用動向調查	年次

筆者彙整各單位網站製作

T 台灣版資訊 | 台灣各行政單位的主要統計

單位名稱	統計名稱	更新頻率
內政部（內政部統計處） https://www.moi.gov.tw/stat/	我國生命表	──
	內政統計通報	年次
	內政部統計月報	月次
	內政部統計年報	年次
	內政國際指標	──
	內政統計指標縣市排名	年次
	各縣市內政統計指標	年次
	調查報告分析	年次
	專題分析	年次
	性別統計專區	──
交通部 （統計查詢網） http://stat.motc.gov.tw/ mocdb/stmain.jsp?sys=100	交通統計月報	月次
	交通統計要覽	──
勞動部（勞動統計查詢網） https://statfy.mol.gov.tw/	勞動統計月報	月次
	勞動統計年報	年次
	國際勞動統計	年次
	勞動情勢統計要覽	年次
	性別勞動統計專輯	年次
農業委員會（農業統計查詢網） http://agrstat.coa.gov.tw/ sdweb/public/book/Book.aspx	畜禽產品物價統計月報	月次
	畜禽統計調查結果	季次
	養豬頭數調查報告	半年次
	農業及農食鏈統計	年次
	糧食供需年報	年次
	主力農家所得調查結果	年次
	農業統計要覽	年次
	畜禽產品生產成本與收益	年次
	農業統計年報	年次
	農產貿易統計要覽	年次
	農業統計月報	月次
	其他農業統計專文	不定期
財政部 （財政及貿易統計） https://www.mof.gov.tw/List/ Index?nodeid=100&ban=Y	中華民國進出口貿易統計月報	月次
	中華民國財政統計月報	月次
	中華民國財政統計年報	年次
	重要財政指標	月次
	中華民國稅務行業標準分類	每五年
	財政部性別統計年報	年次

2　尋找業界統計

①業界團體的業界統計

　　從政府單位所做的經濟統計中，並不能取得業界所有市場規模資訊。就連資訊最完整的經濟產業省，發布每月生產動態統計數據的時間，也都是調查月份之後兩個月。利用業界團體所做的業界統計，可以彌補不足的資訊。

　　大多數的業界，為了分享業界面臨的課題與資訊，都會組成業界團體。具代表性的例子有日本汽車工業會、日本工作機具工業會、日本百貨店協會、日本加盟連鎖協會等業界團體。這些業界團體彙整會員的經營狀況，製作並發布業界統計。業界團體發布的業界統計，依規模和資訊發布方針，取得資訊的難易度各有所異，大規模的業界團體，大抵上會製作、發布每月數據，公開資訊的速度比政府統計還快。因此，在調查業界市場規模或近期的需求動向之時，業界團體扮演著重要的角色。

T 台灣版資訊　　**台灣的業界團體統計查詢管道**

- **台灣工具機暨零組件工業同業公會**（https://www.tmba.org.tw/）
  提供每月工具機產銷統計。從【首頁】→【產業概況】→【工具機產銷統計】進入。
- **台灣車輛工業同業公會**（http://www.ttvma.org.tw/）
  提供台灣汽車機車自行車之產銷統計。從【首頁】→【產業概況】即可查到車輛工業產值、汽車零件業概況等資訊。
- **台灣機械工業同業公會**（http://www.tami.org.tw/statistics.php）
  提供一般機械、包裝機械、塑橡膠機械、紡織機械、木工機械等生產統計。從【首頁】→【統計資料】。
- **台灣電機電子工業同業公會**（http://www.teema.org.tw/index.aspx）
  提供台灣電機電子業進出口統計，從【首頁】→【進出口統計】。
- **台灣虛擬及擴增實境產業協會**（http://www.tavar.tw）
  每年公布白皮書提供台灣 AR 與 VR 產業統計。

②使用業界統計的注意事項

使用業界團體的經濟統計時，有兩點注意事項。

1）必須取得業界統計使用許可
2）業界統計的市場規模有其限制

第一點，必須取得業界統計使用許可。有些業界團體發布的業界統計，是必須付費才能取得。舉例來說，在半導體製造裝置業界之中，日本半導體製造裝置協會每個月發布一項業界統計，是近三個月的平均接單量和販售金額，這項統計資料禁止轉載或複製，也不能私自公開或做為公開資訊的輔助數據。另外，日本航空器開發協會每月會發布航空器業界的訂單與付款狀況，並且在發布的同時刪除過去資訊，不會持續公開。承上所述，各業界使用資訊的門檻皆不相同，必須先向業界團體確認。

第二點是業界統計的市場規模有其限制，業界統計的總額並無法完全呈現業界的市場規模。造成這種情況的原因有兩個，第一，並非業界中所有企業都會加入業界團體，有些企業並未加入業界團體，理所當然，該公司的營運狀況就不會列入統計。第二，即使加入業界團體，各家企業會員記錄數據的方式也不同。有些會員會記錄單獨數據，有些則記錄合併數據。如此一來，公司政策不同，每月統計的結果也不盡相同，僅記錄單獨數據的公司，可能因此遺漏有效資訊，記錄合併數據的公司，統計資訊可能包含海外市場的數據。因此，當我們在使用業界統計時，必須註記「引用自○○工業會統計數據」，藉以說明資訊來源。

若是由政府統計和業界團體的業界統計，都無法得知市場規模時，就必須取得民間市調公司或政府機關的調查報告書，從中評估市場規模。

③ 從事業公司 IR 資訊取得統計資料

透過事業公司的 IR 資訊（投資人關係），也能夠得知市場規模。以建築機械業界為例，日本建築機械工業會所做的統計，可以掌握日本國內的市場規模。但是，該業界的大型企業大多已邁向國際化，因此必須掌握全世界各地區的市場動向。像是小松（KOMATSU）、日立建機和多田野（TADANO）這些大廠，都各自推算世界各地區的需求動向，公布於決算說明資料中。

日立建機在決算說明資料中公布的資訊，是建築機械的主要機種，亦即油壓挖土機在各地區的需求台數。多田野在決算說明資料中，公布各地區建築用吊車的需求台數。從這些大型企業的資訊中，雖然無法精準掌握各地區市場規模，但業界中的主要企業幾乎已能左右市場規模，試著向各大型企業諮詢，或許不失為一個好辦法。

T 台灣版資訊　從事業公司的投資人專區取得統計資料

透過事業公司的投資人專區，可以掌握全球各地區的市場動向，以台灣上市公司網路家庭為例，其投資人專區（https://corporate.pchome.com.tw/）每年公布的公司年報，就可掌握台灣上網人口、台灣以及全球各地區有關電子商務相關的市場規模統計數據。

④ 推算市場規模

①以完成品市場為基準來推算

即使取得政府統計、業界團體的業界統計、民間市調公司和事業公司 IR 資訊等，有時仍不足以掌握業界的市場規模。這樣的情況，大多發生在市場規模較小的業界，然而，其中有一部分業界，可以利用推算方式來掌握市場規模。舉例來說，零件市場就屬於這樣的業界。

零件市場業界往往難以由經濟統計看出市場規模，因此，必須從每

一台完成品安裝的數量來推估。例如，假設某樣零件在每輛汽車上必須安裝兩組，只要得知汽車在市場規模中的台數，乘上兩倍就能取得該零件在市場規模中的數量。另外，若能知道一台汽車的平均單價，便能取得市場規模的金額。這樣的做法不僅適用汽車產業，其他機械裝置也同樣能夠透過「每一台安裝個數」和「平均單價」，推算出市場規模。

②以相似市場為基準來推算

有時候，我們無法直接取得市場規模的統計數據，但能從相似市場推算出接近真實狀況的資訊。舉例來說，模具零件市場可以透過模具來推算市場規模。模具零件意指安裝在模具上的零件，像是沖壓機械和射出成形機這類成形設備，絕對缺少不了模具構成零件，但是要推算其市場規模，是一件極為困難的事情。每一組模具上，一定都會使用到模具零件。模具是一種金屬製品，安裝於沖壓加工或射出成形的設備，藉以生產金屬零件和樹脂零件。模具本身能夠取得市場規模和經濟統計（經濟產業省的生產動態統計機械統計篇）。模具零件安裝於模具上，因此能夠以模具的市場規模來取代。雖然沖壓機械和射出成形機等成形設備也能取得市場規模，但還是從模具著手會比較接近模具零件的實際情況。

③累積主要企業的財務數據來推算

累積主要企業的財務數據，也是一個更能掌握接近實際需求動向的方法。舉例來說，假設想掌握機械貿易商的市場規模變化，可以利用經濟產業省的商業動態統計，得知產業機械器具零售業和機械器具零售業的營業額。然而，其中也包含了電機、電子零件零售業的數據，導致主要企業的營業額變化與經濟統計的市場規模變化，兩者推算結果可能未必一致。因此，透過主要企業的營業額合計，更能看出市場的走向。採用這個方法的好處在於，累積競爭環境相似的特定公司資訊，便能以特定市場來推算機械貿易商所處的市場規模變化。

5　取得業界相關統計資訊

　　透過經濟統計除了能得知業界市場規模之外，在掌握影響業界的因素，或是可做為基準指標的統計資訊時，也是一項重要的資訊。經濟統計是判斷景氣好壞的基準指標，在無法取得每月數據的業界，若能持續蒐集該基準指標的統計資訊，即可做為掌握狀況的參考依據。以下舉例說明：

例1）匯率

　　當匯率發生急遽變動時，進出口業界的業績也會大受影響。日圓高漲時，一般來說，會造成出口產業的負面影響，而進口產業則有正面影響。出口產業的例子有汽車業界和機機械業界，都是製造業，而進口產業則是國內市場的盤商、零售商和服務業。

例2）住宅動工件數

　　這項數據可做為建築業界、不動產業界和建築機械業界，景氣好壞的基準指標。住宅動工件數是呈現景氣變化的一項統計，因此可做為評估景氣好壞的基準指標。建築機械業界當中，能夠對市場造成直接影響的機種是小型挖土機（重量未足六噸），是一種用於市區內的建築機具。

例3）完成品生產台數

　　如果是汽車零件業界的從業人員，掌握汽車完成品的生產台數，是件非常重要的工作。當客戶的汽車生產台數減少時，零件營業額會跟著減少；相對的，生產台數增加，零件營業額也會增加。而汽車業界整體的生產台數減少，當然也會造成零件營業額減少。零件業界的營業額，與完成品的生產台數有連動關係，因此，事先掌握完成品的生產動向極為重要。

2

調查市占率（Share）

① 取得市占率資訊的方法

這一節，我們一起學習取得市占率資訊的方法。切入點可分為以下幾個方法。

①參考《日經業界地圖》
②利用日經 Telecom 網站搜尋新聞
③使用網路搜尋
④取得矢野經濟研究所、富士經濟的調查報告書
⑤取得業界市占率調查公司的資訊
⑥取得《MARKET SHARE REPORTER》的資訊
⑦取得事業公司的 IR 資訊

①參考《日經業界地圖》

讓我們從第一項開始討論。首先，最簡單的方法就是從《日經業界地圖》取得市占率資訊。《日經業界地圖》刊載的資訊有主要製品、服務，在日本國內與全世界市占率。若需要更近期的資訊，每年七月左右，日經產業新聞網站都會刊載相關報導，可以由此著手調查。日經新聞社調查的項目，大都是市場規模較大的主要品項。蒐集該網站刊載的資料，很可能能夠取得歷年的市占率數據。

T 台灣版資訊   **參考《台灣產業地圖》**

類似《日經業界地圖》，經濟部技術處 ITIS 計畫每年十月固定出版《台灣產業地圖》，羅列台灣八十二項產業的上中下游產業結構及各產業供應體系的簡易分析，對於想要快速掌握與查詢產業結構及主要業者，這本工具書值得參考。

---

②利用日經 Telecom 尋找報導

第二個方法，就是利用日經 Telecom 尋找新聞報導。《日經業界地圖》刊載的市占率資訊，已包含歷年七月左右公布的日經市占率調查結果，透過搜尋就能找到。再者，除此之外的製品與服務，有時候也會刊載在日經新聞網站，可說是個方便的網站。

T 台灣版資訊   **台灣可利用的搜尋管道**

台灣目前沒有類似日本日經 Telecom 這種商業數據的網站，可以查詢到豐富的市占率資料；若想查詢，第一步建議可先透過搜尋引擎進行搜尋。若想取得更深入或更新的資訊，第二步可查詢相關可能須付費的情報網站，如工研院 IEK 產業情報研究網、IDC 台灣、TRI 拓墣產業研究院、資策會 MIC 等情報網站。

以資策會 MIC 為例，有關智慧型手機、筆記型電腦、伺服器等產銷報告，都有詳列台灣前幾大企業的排名，在消費者調查方面，亦有台灣主要行動支付平台的排名、網友使用電商網站的排名訊息。

---

③利用網路搜尋

第三個方法是利用網路搜尋。為什麼不一開始就用網路搜尋，原因在於主要業界的資訊，從新聞網站搜尋就很容易取得。透過搜尋引擎是為了尋找新聞網站遺漏的市占率資訊。舉例來說，輸入想調查的業界和「市占率」，就能找到相關的資訊，有時候用英文搜尋，還能找到更多資訊。

④取得矢野經濟研究所與富士經濟的調查報告書

　　第四個方法是取得矢野經濟研究所和富士經濟的調查報告書，利用網路可以找到上述兩家公司是否製作我們所需的調查報告書。如果查到有相關的調查報告書，就能去圖書館等地取得報告書，進一步得知更詳細的資訊。

Ｔ 台灣版資訊　　透過資策會、工研院、台灣經濟研究院等網站調查

資策會 MIC AISP 情報顧問服務（https://mic.iii.org.tw/aisp）、工研院 IEK 產業情報網（http://ieknet.iek.org.tw），每年產出的調查報告，有市場規模以及市場占有率等統計資料，特別在電子資通訊產業方面有豐富的數據資料。若對於經濟相關數據，台灣經濟研究院的產經資料庫（https://tie.tier.org.tw/），有調查研究報告，以及產銷存、進出口等經濟數據。

---

⑤取得業界市占調查公司的資訊

　　第五個方法是從業界市占調查公司取得資訊。關於日本國內市場，矢野經濟研究所和富士經濟兩家公司，都蒐集了某種程度的資訊。若想取得全世界市場規模和市占率的相關資訊，就從全球化的外資調查公司著手，可以找到不少有用的資訊。

Ｔ 台灣版資訊　　在台灣可取得市占調查公司的外資調查公司

若要從全球化的外資調查公司著手，IDC 與 Gartner 都有相關統計資訊，IDC 在台灣設有分公司（https://www.idc.com/tw）以及分析師。

3-5 主要市場調查公司的特徵（再次刊載）

公司名	地區資訊	特徵
矢野經濟研究所	日本國內	以日本國內為中心，廣泛網羅各業界資訊
富士經濟		以日本國內為中心，廣泛網羅各業界資訊
IDC	全球化	擅長 IT 相關業界，蒐集全球資訊
Gartner		擅長 IT 相關業界，蒐集全球資訊
IHS		擅長製造業，蒐集全球資訊
Freedonia Group		擅長製造業，以美國為中心，蒐集全球資訊
Euromonitor		擅長消費品與服務業界，蒐集全球資訊
BMI Research		擅長消費品與服務業界，蒐集全球資訊
Datamonitor		擅長醫療品業界，蒐集全球資訊

　　不同業界更新頻率雖不相同，但 ICD 和 Gartner 這兩家公司，針對 PC、印表機、智慧型手機和伺服器等業界，每季都會公布推測出貨量和市場規模。在多數的事業公司當中，這兩家推算的市場規模變化和市占率，在業界內也是重要的基準指標，若想調查上述業界，這兩家提供的資訊是優先選擇的對象。

　　IHS 掌握的資訊，以半導體、汽車等製造業界為中心。特別是半導體業界，每年都會蒐集並統計全世界的營業額排行，以及 DRAM、NAND 型快閃記憶體、微型電腦，個別半導體製品的市占率。IDC 和 Gartner 的調查對象也包括半導體業界，而 IHS 也調查造船等其他製造業。再者，NDP 顯示器調查公司（NDP Display Research）蒐集、統計的資訊，是液晶產業的主流參考對象。

　　Freedonia Group 的調查對象以製造業為中心，這是一家美國的調查公司，以地區來分類是以美國為中心，調查資訊也都是用英語書寫。不過，這家公司往往不會每年持續調查，算是較不妥善之處，不過有些 IDC、Gartner 和 IHS 沒有涉獵的業界，就得仰賴該公司的調查。或許

Freedonia Group 的調查較不易看出市占率，不過若想概略掌握各業界在全世界地區別的市場規模，仍舊能夠加以活用。

Euromonitor 和 BMI Research 擅長調長的領域是日用品、成衣等消費品和服務業界。舉例來說，Euromonitor 就掌握了諸如：化妝品、服飾布料、碳酸飲料、啤酒類飲料、香菸、紙尿布等多數日用品的資訊。

⑥取得《MARKET SHARE REPORTER》資訊

第六個方法是取得《MARKET SHARE REPORTER》的資訊。《MARKET SHARE REPORTER》主要發行各種冊子，整理了各種製品、服務在全世界的市占率。使用語言是英文，而且蒐集的資訊都以美國為中心，但是透過不同的冊子，能夠彙整出世界主要企業的資訊，可說是珍貴的市占率辭典。Amazon 等網路書店都有販售，價格約十萬日圓上下，要價不斐，建議先到圖書館查詢是否有藏書。

⑦取得事業公司的 IR 資訊

第七個方法，是取得事業公司的 IR 資訊。發布各種資訊的事業公司，在該公司的網站都能找到提供給分析師決算說明會資料，以及提供給投資個體戶的說明會資料，這些資料中有時會刊載市占率資訊。為了讓投資戶買進自家公司的股票，因此，事業公司都會調查自己的市占率，藉以展現公司的能力。為了向投資者展現公司的優勢，在市場已趨飽和的製品與服務領域中，市占率愈高的企業，刊載的資訊就愈多。若是在經濟統計和調查報告書當中，找不到調查對象的製品與服務領域，事業公司的 IR 資訊特別有幫助。

[2]　無法取得市占數值資訊時

接下來，有時候真的用 [1] 的方法也都找不到市占率資訊，這個時候請嘗試以下兩種方法。

①詢問事業公司宣傳、IR 負責人

　　最快的方法是向事業公司的宣傳、IR 負責人詢問市占情況。即使未刊載於事業公司的網站，事業公司本身大都掌握著市占率資訊。因此，直接向負責人詢問，也不失為一個好方法。

②嘗試由自己推算

　　試著自己推算也是一個方法。舉例來說，藉由國家經濟統計和業界統計等資訊，能夠掌握市場規模時，便能藉由調查對象企業的營業額、訂單量、販售台數和生產台數這些相同基準的資訊，推算出市場占有率。自己推算時，必須註明推算的條件。例如，使用業界團體的統計為基準時，可以加上「以○○工業會訂單統計為基準」這樣的敘述。

3

調查競爭環境（Strategy）

1　企業資訊的調查方法

　　接著，讓我們一起學習企業資訊和競爭環境。到目前為止，討論的重點都聚焦在業界資訊，而企業資訊的相關訊息，都整理在下一頁的圖表 3-6。

　　掌握企業概要時，調查企業網站是最快的方式，但這些網站大多未直接記載企業的特徵，因此，若想調查大型企業，可以透過之前提過的日本經濟新聞出版社發行的《日經業界地圖》，或是東洋經濟新報社的《企業四季報業界地圖》，另外還能找找看，矢野經濟研究所和富士經濟的調查報告書等，是否刊載企業特徵。另外，上市企業的相關資訊，可以從東洋經濟新報社的《企業四季報》，找到企業摘要總整理，相信能夠提供極大的助益。上述出版品都是每季發行，近期的公司業績預測和業績定性摘要分析。日本經濟新聞出版社的《日經企業資訊》也是相同性質。

3-6　企業資訊的主要來源

調查項目	上市或未上市	資訊來源	媒體種類
企業概要	雙方	日本經濟新聞出版社《日經業界地圖》	書籍
		東洋經濟新報社《企業四季報業界地圖》	
		矢野經濟研究所各種調查報告書	
		富士經濟各種調查報告書	
		企業網站	網站（各家企業）
	上市	東洋經濟新報社《企業四季報》	雜誌
		日本經濟新聞出版社《日經企業資訊》	
	未上市	東洋經濟新報社《企業四季報　未上市企業版》	
財務數據、股價	上市	EDINIT（有價證券報告書）	網站
		Yahoo！Finance（股價）	
		公開說明書（即將上市的企業）	網站（各家企業）
		決算短信	
		決算說明會資料	
	未上市	帝國數據銀行《帝國數據銀行企業年鑑》	書籍
		東京工商研究《東商信用錄》	
		帝國數據銀行《COSMOS1》	資料庫（日經Telecom、G-Search、@nifty business）
		東京工商研究《tsr-van2》	
近期交易與特徵	雙方	日經Telecom	資料庫
		新聞與雜誌報導	書籍、資料庫
	上市	證券公司、調查公司等發行的財務報告	資料庫（各證券公司、數據服務公司等）

　　想取得財務數據，調查上市企業的決算短信和有價證券報告書是起點。有價證券報告書可以利用 EDINET（Electronic Disclosure ofr Investors' NETwork），這項企業財務資訊的資料庫來取得。決算短信是最早公布的資訊，因此，能夠幫助我們獲得近期的財務數據，不過各企業發布決算短信，目的是為了迅速提供資訊，比起來還是有價證券報告書的資訊較為詳細。發布各種資訊的事業公司，會提供決算說明會的資料給分析師，其中也包含業界動向，亦可做為一項參考資料。另外，透過 Yahoo ！ Fanince，能夠獲得各企業股價。想了解該上市不久的企業，可以閱讀該企業發布的公開說明書。公開說明書是上市時製作的資料，基本上，大多會公布於該企業的網站，記載著事業內容和財務狀況的詳情。

　　在調查近期的交易和企業特徵時，日經 Telecom 與各企業的相關新聞報導、雜誌文章、證券公司和調查公司發行的分析師報告，能提供有用的資訊。分析師報告的內容侷限於上市企業，或是股市分析師觀察的企業，但內容都與近期的動向有關。另外，若需要調查業界的主要大型企業，日經 Telecom 與各企業的新聞報導、雜誌文章都會刊載相關資訊，建議各位上網搜尋新聞。

［2］ 取得未上市企業的資訊

　　未上市企業的財務狀況等資訊，比上市企業還不易取得。SG（佐川宅急便）或野馬（Yanmar）這類控股公司都是大型企業，因此會在自家網站上詳細公布決算資訊，而且屬於可任意轉載的公開資訊，但這樣的企業畢竟是少數。在此向各位介紹兩個切入角度，試試能不能藉以獲得企業資訊。

①信用調查公司（帝國數據銀行、東京工商研究）的企業資訊
②東洋經濟新報社的《企業四季報　未上市企業版》

帝國數據銀行和東京工商研究這類信用調查公司，會派遣調查員直

接訪問各企業，調查該企業的財務狀況、主要客戶、員工、股東等資訊，並加以整理、歸納。企業資訊都是以企業為單位販售，因此必須購入調查報告書。而帝國數據銀行提供的數據服務名為《COSMOS1》，東京工商研究的稱為《tsr-van2》。只要加入日經 Telecom 或 G-Search 的付費服務，就能從上述的資料庫中取得企業情報。帝國數據銀行和東京工商研究的調查結果，經常用於企業信用調查，想早一步取得未上市企業的企業資訊的話，最適合從這兩家公司著手。若想取得企業資訊的概要，東洋經濟新報社的《企業四季報　未上市公司版》也是值得參考的資訊。雖然這份資訊每半年發布一次，但內容和《企業四季報》一樣，都會刊載各家企業的彙整摘要。因為這是一本雜誌，可以先查看是否刊載想調查的未上市企業資訊。另外，上述兩家信用調查公司，每年會發行一本書，帝國數據銀行是《帝國數據銀行企業年鑑》，東京工商研究是《東商信用錄》，如果想用紙本媒介閱讀未上市企業的資訊，這兩本書可以提供很大的幫助。

③ 分辨各家主要企業的差異

接下來，讓我們一起學習競爭環境（企業資訊）的調查方法。業界內各家主要企業的策略，主要是由競爭環境的分類角度來觀察，通常可以發現有許多差異。競爭環境分類的基準，可以從各方面切入探討，在此以第二章提過的三點來討論。

1）依用途分類
2）依地區分類
3）依製品、服務分類

在此暫且省略上述三點的說明，比較過各家主要企業的策略（交易狀況），可以發現這三種分類的差異頗多。

最淺顯易懂的典型範例，就是發展全球化的業界中，日本企業在日本的市占率都很高，歐美地區的市占率相對較低，而歐美企業在歐美地

區的市占率則較高；這是因為企業在所屬國家發跡較早，自然能夠比外資企業取得較高的市占率。從地理上的優勢來思考，很容易能理解其中的差異。

在調查的過程中，是否能夠立即看出這三種分類的差異？只能說非常遺憾，在多數的情況下，分類的階段並不能馬上找出其中差異。因此，我們還能利用以下兩種方法來輔助。

1）蒐集想調查的業界主要企業 IR 資料

例）近期決算短信、有價證券報告書、決算說明會資料等

2）蒐集想調查的業界主要企業業績數據

例）營業額、淨利、用途別營業額、地區別營業額、製品與服務別的營業額。

理想的情況是取得各家主要企業的財務數據，但若是時間不夠充裕，最低限度希望能夠蒐集上述1）的資料和2）的數據。2）的數據大抵上都可以在1）的資料找到。

4 分辨財務數據差異

①最低限度必須掌握的項目

若能取得一份財務資訊，包含競爭企業的數據，再進行財務分析的話，或許就能夠看出上述 3 未提及的企業特徵。這個時候，希望各位最低限度也要取得以下各項資訊：

1）業界市場成長率
2）營業額成長率
3）淨利率
4）淨利成長率
5）股本報酬率（ROE）

6）負債比率

首先，最重要的一點是，該業界的市場成長率。若是由政府所做的經濟統計或是業界團體的統計等，能夠掌握該業界的市場規模，就能彙整出每年市場規模的增減率（成長率）。取得這項數據之後，再與調查對象企業營業額增減率（成長率）比較，便能看出狀況的差異。倘若業界市場不景氣，調查對象企業營業額降低的機率也會提高；相反的，若是調查對象企業的營業額不減反增，代表該企業必定採取與市場環境相異的決策。若是每年都能取得數據變化的業界，希望至少能蒐集五年間的數據。

下一步，希望各位還能蒐集營業額成長率、淨利率和淨利成長率這三個項目連續五年的數據。若能同時取得業界市場規模的變化，以及競爭企業的數據，就能比較歷年的動向。在各家主要企業中，若發現淨利率差距甚大的情況，就能推測各企業的事業構造一定有什麼不同。只要蒐集上述三項數據，自然能刻畫出各家企業的差異。如果再加上股本報酬率（ROE）和負債比率，就能看出更明顯的差異。

②財務分析範例

接下來的範例，是能夠取得市場規模和各家主要企業財務數據的業界，亦即堆高機業界。該業界的龍頭是豐田自動織機和力至優三菱堆高機；在堆高機業界當中，豐田自動織機市占是日本國內首位，力至優三菱堆高機位居第二。如下一頁圖表 3-7 所示，將豐田自動織機經營堆高機事務的工業車輛事業部門，和力至優三菱堆高機兩相比較，可以看出豐田自動織機的淨利率高於力至優三菱堆高機。可能的原因有很多，但主要可歸納為以下兩點：1）較大的生產規模帶來較佳的強度效應（Volume effect）、2）提高產品自製率，進而確保高收益性。試著調查這兩家企業的組織架構，豐田自動織機雖然持續收買海外事業公司，但幾乎都配置於豐田自動織機的名義之下。另一方面，力至優三菱堆高機是由力至優堆高機和三菱重工業堆高機合併組成，曾歷經一段事業重組的過渡期。因此，我們可以推測出，兩家企業收益性的差異，或許

來自事業結構的不同。 我也不敢說這樣的推測一定正確，只是想告訴各位，由收益性差異為起點，透過新聞報導深入發掘企業資訊，就能看出事業構造和策略的不同。

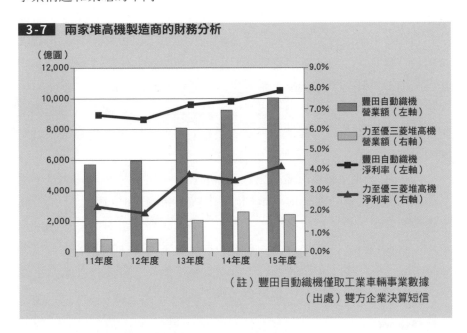

3-7　兩家堆高機製造商的財務分析

（註）豐田自動織機僅取工業車輛事業數據
（出處）雙方企業決算短信

5　注意透過數據容易看漏的內容

　　上面提到 1 ～ 4 都是正統的調查方法，但有時候即使蒐集到數據，也可能無法從數據得知差異。 舉例來說，製品與服務差異而處於競爭環境不同的情況，工作機具業界即是如此。

　　工作機具業界有兩項主要製品，分別是車床和加工中心機。 車床的主要企業有美捷科（Yamazaki Mazak）、DMG 森精機、 大隈（OKUMA）、 星辰（CITIZEN MACHINERY MIYANO）、 津上（Tsugami）及 Star Micronics 六家。 而上述六家廠商，會因為製品的體積形成競爭程度差異。 美捷科、DMG 森精機和大隈生產中大型機械，星辰、 津上和 Star Micronics 生產小型機械，生產中大型機械和小

型機械的企業，在業界並沒有直接競爭的關係。若不知道這項事實，在蒐集市占率資訊時，很可能會認為這六家企業是互相競爭的關係。因此，在我們取得市占率資訊時，在思考業界分類型態時，記得先確認以下兩點：

1）再次確認蒐集到的新聞報導資訊
2）再次確認各家主要企業的網站

　　新聞報導中，經常會提及主要企業製品與服務的特徵，因此很可能發現其中的差異。舉例來說，在介紹津上這家企業的報導中，大多以「小型工作機具大廠」稱之，由此可知，這是一家生產小型機具的廠商。如上所述，找出關鍵字，就算沒有具體數字，也能有效掌握企業的特徵。

第 4 章

取得補充資訊，加以驗證

Supplement

1

利用採訪蒐集證據

1 採訪專業人士

這一章，我們一起學習如何補充、驗證蒐集到的資訊，以及到目前還未提及的調查方法。先前章節提到的研究，基本上都是利用公開資訊來調查。但是，憑藉公開資訊，能夠找到的資訊終究有限。因此，必須經過補充與驗證，以提高蒐集資訊的準確性。最有效的方法就是採訪。

原本若能不透過採訪來進行企業研究的話，可以將所需勞力降至最低限度，是較理想的情況；但為了提高研究內容的精準度，採訪還是最有效的方法。初期階段的採訪，能夠幫助我們在一開始就先掌握研究領域的全體概況。

蒐集資訊的初期階段，最佳的採訪目標是專業人士。專業人士意指專業領域的大學教授或顧問，以及調查公司的研究者等。在調查的初期階段，對業界的切入觀點還沒有一定的認識，因此最好是先設定問題，再去詢問專業人士的見解。由於採訪的目的是掌握研究領域的整體概況，詢問的重點應放在業界的摘要資訊，諸如：產界結構、主要大型企業、市占率、近期趨勢等。採訪專業人士之後，產出的文章或報告，更能增添說服力。

舉例來說，當一名顧問在整理研究報告書的時候，該顧問當然可以用自己的觀點來陳述對業界的見解，但如果加上一句「○○指出～」，以業界專家的論點來背書，就可以提高說服力。再者，初期在蒐集新聞報導的階段時，我們很難看出新聞報導的內容真偽；當遇到不知道報導資訊真偽的情況，只要向專家學者請教即可。

　　我們可以從大眾媒體上，看到採訪專家學者的例子。當社會上發生某事件，經常可以看到媒體報導時，會去採訪專家學者，每天接觸各種領域的大眾媒體，並沒有充裕的時間從頭開始自己研究。因此，藉由採訪專家學者，將其見解傳達給一般民眾，便能呈現出對一則新聞的解讀。

採訪專業人士的效果
1）在初期階段掌握業界的整體概要
2）做為產出文章時，增加說服力的背書

藉由採訪專業人士，可掌握的重點
1）產業結構
2）主要大型企業
3）市占率
4）近期趨勢
5）報導資訊的真偽

2　採訪業界團體

　　如同採訪專業人士一般，在調查初期階段還有另一個有幫助的方法：就是向業界團體諮詢。大多數的業界團體，都會針對會員進行業界統計。即使在業界團體的網站上，找不到公開資訊，有些團體會將業界數據製作成印刷品來發布。舉例來說，發行統計年報，或是在發給會員的會報中刊載統計數據，這也是業界團體公布資訊的方法之一。因此，向業界團體諮詢，即能了解該團體是否製作業界統計。

　　再者，若說透過日本的業界團體無法取得國外的業界資訊，倒也未必如此。在力求全球化市場的業界中，有些日本業界團體會與世界各國的業界團體合作，藉以彙整全世界市場規模的資訊。例如：汽車、工業機器人、堆高機、半導體、半導體生產設備等業界團體，都與各國企業合作製作全世界市場的統計數據。其他還有工作機具和農業機械等

業界，就算在業界團體網站上沒有刊載數據，有些團體發行的統計年報中會收錄相關資訊。

③ 採訪事業公司

另外還有一個更有效的方法，就是採訪事業公司。採訪的窗口一般都是事業公司的宣傳、IR 負責人，但還是能問出事業公司的事業內容與基本資訊。根據各公司作風不同，有時能取得比業界團體還詳細的業界資訊。

舉例來說，建築機械業界的市場逐漸趨向全球化，因此，比起業界團體的業界統計，事業公司的決算 IR 資料揭露更多世界市場地區別數據，資訊也較為充足。小松或日立建機的決算 IR 資料中，刊載了建築機械的市場動向相關資訊，而且每季更新。另外，建築用吊車業界可以參考多田野的決算 IR 資料，其中網羅了全世界的需求。由於業界團體所做的業界統計，僅限定於國內市場（包含出口），無論主要是想調查全世界的市場或是國內市場，都能依目的分別使用。

2

採訪的準備事項

1　事前準備

　　這一節，想向各位介紹，若有機會前往事業公司採訪，該注意哪些事項。採訪事業公司時，由於取得具體資訊的可能性很高，不僅要準備初期調查的內容，在時間允許的情況下，應該事先備妥前述的 4S 再前往。同時，如果對方是一家上市公司，可以先在公司網站上查詢決算短信、決算說明會資料及有價證券報告書 ⑯，若是未上市公司，事前能取得的資訊則有限制。若能透過採訪取得決算書和稅務申報書，至少應該請事業公司提供五年期的資料。

　　1）構造（Structure）⋯利用調查報告書取得產業結構等資訊
　　2）統計（Statistics）⋯確認是否存在業界統計
　　3）市占率（Share）⋯利用調查報告書取得市占率等資訊
　　4）策略（Strategy）⋯透過事業公司的網站等調查企業資訊，取得決算短信等財務數據來分析財務狀況

2　製作詢問項目表

　　採訪時有一個重點，就是篩選、整理出詢問項目，並具體編排條列問題後再前往拜訪。如果在採訪時，亂無章法地提問，很可能到最後會忘記詢問最重要的資訊。因此，採訪時務必做好事前研究，條列出詢

註｜在台灣，則是可從上市公司官網中，查詢財務資訊、財務報表、企業年報、股東會相關資訊等。

問項目，再依序發問。 最後，採訪時請務必確認，是否確實問到需要
的答案。

③ 採訪前建立假設

在執行事前研究和製作詢問項目表的過程中，最重要的是先建立起
與業界結構和企業資訊相關的假設。 在採訪前先建立假設的話，若是
在採訪當下發現有錯誤的認知，也能儘速修正方向，讓考察順利進行下
去。 但是，如果採訪前沒有事先建立好假設，在採訪結束後，就必須
思考研究的重點，相對的較浪費時間。 為了早日達成研究目的，一開始
先建立假設，在採訪時找出有沒有不同的地方是重點。

具體來說，就是針對公司的強項、主要用途、加入障礙、成長故
事、技術與服務的方向性，先建立起上述的假設，再前往採訪。

建立假設項目的例子
1) 公司強項（競爭優勢的根源）為何
2) 主要用途的業界（業界結構）
3) 加入阻礙為何（業界結構）
4) 公司的成長故事為何（事業成長方向性）
5) 今後技術與服務的方向性為何

④ 掌握採訪主導權

採訪時最重要的事情，就是掌握採訪現場的主導權。 事先準備詢問
項目，利用詢問事項去確認假設是否正確，一想到有這麼多工作要做，
就會意外覺得採訪時間很短。 若對方對習慣接受採訪，自然能夠順利配
合，但對方若不是頻繁接受採訪的大型企業主管，任他們自由發揮的話，
就很難得到充分滿足採訪需求的回答。 我們可以先設想大部分的人都不習
慣接受採訪，一旦發現對方離題太遠，就必須提醒他們回到正題。

5　從大方向切入細部

　　採訪進行的重點，是漸漸將話題從大方向切入細部。如果一開始就突然從細部開始談，對方會感到混亂，無法得知採訪者的意圖。所以採訪就像河流一樣，細部的問題應等到採訪的後半部再來詢問。

　　例如，當我們想詢問事業公司的市占率時，最好是先問出市場上相互競爭的主要大型企業，接著再來詢問市占率或許會比較好。因為即使是提供相同製品與服務的公司，在獨特的領域中，好比小型機具市場，也許市占率一直是由某家公司獨占鰲頭。如果一開始聽到市占率的數字不高，在採訪時先帶著這個先入為主的印象，後續談話內容很可能朝著消極的方向發展。

6　採訪時解決疑問點

　　採訪時的禁忌，就是放任疑問點不加理會。採訪機會十分難得，更是蒐集資訊的重要時機。有時候業界人士認為是基本常識，但對於調查方而言，許多事情仍舊屬於未知範疇。此時我們不需畏懼，可以儘量提出問題。但是，如果事先調查就能得知的事情，卻在採訪時才詢問，就會浪費寶貴的時間，而且還會讓受訪者覺得：「你到底有沒有做好事前準備？」因此，在事先做好準備的前提下，若遇到真的不懂的事情，勇敢提出詢問並無不妥。

3

採訪時做筆記的技巧

① 使用試算表（Excel）做記錄

　　這一節，將為各位介紹，採訪時做筆記的技巧。採訪時做筆記的方式因人而異，並沒有一定的準則，告訴我們非得怎麼做不可。而大多數人在做採訪筆記時，幾乎都會使用文書軟體（Word）。這個方式當然可行，在整理的時候，可做出美觀的版面；然而，一旦發言者較多，或是發言項目涉及較廣時，最後還是得花時間來編輯、彙整，又多了一道程序。我不喜歡事後整理，所以都用試算表來做筆記。

　　「為什麼用試算表呢？」或許很多人會心存疑惑。這是因為試算表有很多儲存格，善用這些格子，可以很輕易地把發言者與項目、談話內容區分開來，做成一份矩陣狀的筆記。

　　請見下頁圖表 4-1。首先，最初一列是發言者所屬單位與姓名，往右一列記錄談話內容的標題，再往右一列，則填入具體的談話內容。而這份筆記的填寫方式，是依時間順序，由上往下排列。

　　同一位發言者，有時談話內容較長，或是開啟新的話題，我就會往下移一行來記錄；換人發言時，就再往下移一行開始記錄。持續這樣的方式，就能得出不同發言者和話題的記錄群組。

　　寫筆記的時候，我想應該很難一字一句完全精準記錄。所以就算寫錯字也無妨，只要事後自己看得懂即可。

　　做完筆記之後，下一步就是把相同發言者的群組，以及標題相近的群組彙整起來。因為一開始在寫筆記時，不同群組已經分別記錄在不同行中，只要利用複製、貼上，就能替換群組位置，接著再檢查有沒有遺漏和錯字，並加以訂正。如此一來，就完成一篇採訪筆記。

另外，如果是一對一專訪的情況，發言者的主體只有兩個人，可以把發言者那一列省略不寫也無妨。

4-1 使用試算表記錄採訪筆記的實例（其 1）

發言者	標題	內容
	決算概要說明	
A 製作所 B 社長	15 年 12 月期決算實際成績	15 年 12 月期決算因受到中國營業額減少影響，導致收益下降。
	16 年 12 月期預測業績	16 年 12 月期決算因日本國內營業額上升，預計將帶動收益上揚。
	問答整理	
C 銀行 D 氏	15 年 12 月期收益減少主要原因	中國地區營業額滑落多少？
	16 年 12 月期預測業績	預測汽車業界販售台數的前提為何？
A 製作所 B 社長	15 年 12 月期收益減少主要原因	亞洲市場中，中國營業額較前期減少 50%。
E 證券 F 氏	16 年 12 月期預測業績	上半年度與下半年度汽車業界販售台數預測是否相異？
A 製作所 B 社長	16 年 12 月期預測業績	上半年度預測銷量減少，但下半年度預期應有成長。

② 事先決定採訪的詢問事項

若能事先決定採訪時想詢問的事項，就能依每個問題填入回答內容，這麼做比較有效率。通常採訪時，大多採取這種形式。在表上分

別列出確認項目以及回答的內容，將詳情分別記錄起來。只要事先設定好詢問事項，就可以在採訪當下確認有無遺漏。

4-2 使用試算表記錄採訪筆記的實例（其2）

確認項目	內容
15 年 12 月期收益減少主要原因	15 年 12 月期決算因受到中國營業額減少影響，導致收益下降。
	亞洲市場中，中國營業額較前期減少 50%。
16 年 12 月期預測業績	16 年 12 月期決算因日本國內營業額上升，預計將帶動收益上揚。
	上半年度預測銷量減少，但下半年度預期應有成長。

3　錄音逐字稿是提升正確性的方法

根據採訪的狀況不同，有些場合允許採訪者錄音。透過將錄音文字化，對於愈是陌生的領域，帶來的效果愈是顯著。特別是每天都採訪完全不同領域的業界時，更是一個有效的方法。初次採訪未知領域，或是出席會議等場合，往往會聽到許多無法理解的專業術語；對於某個領域已有相當程度了解的人而言，可能是常識，但對於初次涉獵的人而言，光是要正確地聽懂專業術語就是件困難的事情。然而，若能每次都寫下錄音逐字稿，漸漸地便能聽懂難以理解的專業術語。就像學習英語時，多聽是一樣的要領。反覆聽相同的單字，慢慢地就會聽得懂。

重覆採訪同一個領域的專業人士，利用錄音逐字稿理解愈多專業術語，隨著採訪經驗增加，理解程度也會愈來愈高。相反的，如果採訪一個不熟悉的領域，不做筆記也沒有製作錄音逐字稿，則可能帶來偏離事實的風險。為避免錯誤引起調查的疏失，錄音逐字稿也是一項有效的方法。

4

採訪消費者（定性研究）

1　採訪消費者能夠獲得建立假設的提示

　　這一節介紹的採訪，不同於先前觸及的內容旨趣，是以消費者為採訪對象。以探討商品推廣等市場行銷相關對策為前提，從中導出消費者需求，以及對現狀的理解。

　　採訪消費者有兩種形式；一是採訪者與受訪者一對一進行的深度訪談，二是同時與複數消費者見面的團體訪談。這兩種形式通常用於調查初期階段，藉以建立商品企畫的假設。好處是透過採訪，能夠導出受訪者的潛在意識裡的想法。因此，選定調查對象即是一項重要的課題。依受訪者的年齡、性別、婚姻狀況與學歷等條件，因應調查目的篩選出具有必要屬性的受訪者。受訪者多寡，也因目的而不同，團體訪談的理想人數是六到八名；因為人數過多恐怕難以控制現場狀況，而人數太少又怕蒐集到的意見不夠豐富。而深度訪談可以引導受訪者，談論在公開場合不便闡述的話題，或是推敲出個人的真實想法與深層心理。

2　準備採訪的劇本

　　選定調查對象之後，下一步就是準備採訪的劇本。正如上一節採訪事業公司一樣，我們也必須事先準備詢問事項，向受訪者說明調查主旨與時間分配之後，記得預留時間讓他們自我介紹。劇本的編排是從簡單的內容切入，後半部再逐漸詢問複雜的問題。切記詢問事項才是訪談的主要重點，須注意自我介紹等前半段流程，不能花費太多時間。

③ 採訪兩次以上

　　不同於採訪事業公司，團體採訪至少進行兩次以上才比較理想。因為若只採訪一次，有可能造成意見偏頗的情況。雖然必須考量預算，仍希望各位盡可能避免做出偏頗的調查結果，並且以調查結果為基礎建立假設。

5

網路調查（定量調查）

① 網路調查最適合取得有根據的數據

上一節提到的採訪消費者，可以蒐集到定性資訊。與此相對，網路調查則能蒐集定量資訊。定量調查是用來取得客觀數據的方法，而網路調查更是能在短時間、低成本之下，取得資訊的有效調查方法。上一節提到的採訪消費者，目的是藉以建立假設；相對的，網路調查的目的則是確認假設是否正確。因此，在設計調查內容之時，必須考慮是否能夠確認假設的正確性。

② 準備設計書

製作以假設為基礎的調查設計書，並選定調查對象。決定母體（問卷受訪對象）以及樣本數的規模大小，並以此為據設定問題數目。

6

田野調查

① 田野調查的目的是消除認知的謬誤

　　田野調查（Field research）意指拜訪調查對象的相關場所，實際觀察當地的情況，又稱為田野工作（Fieldwork）。透過公開資訊所做的調查，都無法親眼見到實際的狀況，蒐集到的結果自然有限。所謂「百聞不如一見」，親自走訪現場，可以修正認知上的謬誤，補充分析結果不足之處，這些都是田野調查的目的。田野調查的場所相當多樣，包括生產設備、門市、營業據點、物流設施等都是調查對象。

② 盡可能取得記錄

　　實施田野調查有一項重點，就是盡可能取得記錄。拜訪生產現場時，需要留下的記錄是產線主要流程；拜訪門市時，則應記下商品的陳列狀況等。理想的情況是拍下照片，此舉能讓記錄更加鮮明，然而製造現場往往不允許拍照。因此，在取得受訪單位許可後，應盡可能留下詳細的記錄。若是調查製造業，只要實際看過製品的生產流程，便能大致了解整體的狀況。

　　舉例來說，如果是大型的製造物，一般給人的印象就是交貨期較長。另外，只要看過生產線，就可以知道產線上的製品屬於大量生產或少量生產。更進一步來說，觀察工廠內人員的動作，就知道現在是繁忙狀態，或是工作量減少的狀況。現場人員的行為模式，是掌握近期生產狀態的一大參考依據。

3 盡可能聽取現場工作人員的意見

　　田野調查的另一項重點，是盡可能聽取現場工作人員的意見。拜訪大型企業時，有可能是由總公司管理部門來接應。但是，在多數的情況下，有些現場的實情只有現場人員最了解。視察工廠時，最好找廠長聊聊，拜訪門市時，可以和門市負責人說說話；總之，盡量聽取現場的聲音，是確實掌握現場狀況的好方法。

7

人物資訊的調查方法

1 公家單位發布的資訊透明度較高

　　人物相關的資訊比企業資訊還難調查。這是因為和企業資訊相比，這種調查涉及個人隱私，往往無法在網路上找到相關資訊。不過，若是公家單位職員或議員，政府每年都會依省廳別發行一部職員錄，算是高度公開的資訊，主要是因為這些都是公職人員。因此，想調查特定人物的經歷等資訊，若對方是國家級別管理幹部，大致都能在職員錄上查得到。如果對方是國會議員，查看《國會便覽®》（SHUHARI INITIATIVE 發行），便能找到個人簡歷。

4-3　公家單位人物資訊

資料、服務	出處	內容	提供媒介
《職員錄》	國立印刷局	收錄立法、行政、司法機關、獨立行政法人、國立大學法人、特殊法人等，都道府縣與市鎮村等事項（職稱、姓名）	書籍
《國會便覽®》	SHUHARI INITIATIVE	收錄國會議員簡歷、政黨幹部、都道府縣議員、知事、政府機關所在地、電話號碼、職員摘錄	書籍
《政官要覽》	政官要覽社	統治機構組織與人事	書籍
《財務省職員錄》	大藏財務協會	收錄財務本省、設施等機關、特別機關、財務局與財務事務所、關稅、分部、國稅廳、稅務大學、國稅不服審判所、國稅局、稅務署等負責人	書籍
《國土交通省職員錄》	建設宣傳協議會	收錄國土交通省、設施等機關、特別機構、地方分部局等、獨立行政法人、沖繩綜合事務局負責人	書籍

《經濟產業手冊》	工商會館	經濟產業省職員錄、主要團體名冊	書籍
《勞動行政相關職員錄》	勞動新聞社	刊載厚生勞動省、都道府縣勞動局、其他相關團體等勞動行政相關團體所在地、電話號碼、職員職稱、姓名	書籍
《○○省（廳）名鑑》	時評社	依財務省、國土交通省、厚生勞動省、文部科學省、經濟產業省、總務省、環境省、復興廳等分類，刊載霞關地區各省廳幹部職員經歷	書籍

② 民間企業因上市與否，公布的資訊不同

調查民間企業時，企業上市與否，所公布的資訊也不同。若是上市企業，其所發布的有價證券報告書或新聞稿裡，會公布管理階層的經歷等資訊。因此，連上各企業網站或 EDINET，大多都能查詢得到。另外，《董事四季報》（東洋經濟新報社）當中，也刊載了上市企業董事的經歷，可做為一部事典來查詢。

再者，依業界不同，有時候我們也能在出版品中，找到公司負責人的資訊。例如，調查法律事務所時，可以從《全國法律事務所導覽》（商事法務出版）找到每位律師的經歷。演藝界可以參考《日本演藝人員名鑑》（VIP 時代社出版），可查詢到藝人與助手經歷。

4-4 民間企業人物資訊

資料、服務	出處	內容	提供媒介
有價證券報告書	各企業	董事經歷	PDF 檔案
新聞稿	各企業	董事經歷	PDF 檔案
《董事四季報》	東洋經濟新報社	上市企業董事經歷	雜誌
《全國法律事務所導覽》	商事法務	收錄全國法律事務所各種最新資訊	書籍
《日本演藝人員名鑑》	VIP 時代社	刊載約一萬一千名（組）演藝人員、模特兒大頭照／網羅約兩千五百家經紀公司連絡方式（男星、女星、童星、音樂家、團體、模特兒）	書籍

③　調查資料庫較節省時間

　　若可以使用付費服務的話，調查資料庫是最節省時間的方法。特別是未上市企業的資訊，更可以試著從資料庫查詢。DIAMOND D-VISION NET（鑽石社）、東京工商研究經營者資訊（東京工商研究）和日經 WHO'S WHO（日本經濟新聞社），這三家是商界最具影響力的媒體，其他還有朝日新聞人物資料庫（朝日新聞社）、讀賣人物資料庫（讀賣新聞社）、日外 Associates 現代人物資訊（日外 Associates）等資料庫。只要加入日經 Telecom 或 G-Search 的付費服務，上述資料庫幾乎都能自由使用。總之，第一步就是先成為日經 Telecom 或 G-Search 的付費會員吧。

4-5　人物資訊線上資料庫

資料、服務	出處	內容	提供媒介
DIAMOND D-VISION NET	鑽石社	具影響力的企業 1 萬 6 千家，20 萬家事業所、董事管理職 25 萬人經歷。	DIAMOND D-VISION NET、日經 Telecom、G-Search、@nifty 商務等資料庫
東京工商研究經營者資訊	東京工商研究	東京工商研究持有日本全國約 142 萬家企業經營者（負責人）的履歷及連絡方式等資訊。	日經 Telecom、G-Search、@nifty 商務等資料庫
日經 WHO'S WHO	日本經濟新聞社	蒐集上市及有影響力但未上市企業約 2 萬家的董事、執行董事、部長、副部長、課長約 28 萬件，和中央官廳、政府相關單位、審議會、經濟業界團體、都道府縣市幹部職員、國會議員、縣議會議員約 2 萬件數據。	日經 Telecom、G-Search 等資料庫
朝日新聞人物資料庫	朝日新聞社	朝日新聞社的資料庫，蒐集了各界風雲人物。以學者為中心，更包括政治、行政司法相關人員、經濟人、評論家、文學藝術、運動相關人員等，領域十分豐富。	日經 Telecom、G-Search、@nifty 商務等資料庫

讀賣人物資料庫	讀賣新聞社	讀賣新聞社持有的資訊，都是活躍於各界第一線的代表性人物。包括國會議員、知事、市鎮村長、人文、社會科學、電影、舞台劇、演藝界、運動界與外國人等。	日經 Telecom、G-Search、@nifty 商務等資料庫
日外 Associates 現代人物資訊	日外 Associates	調查人物一定會想到這個網站，無論對象是日本人或外國人，跨足的領域更包括政治、經濟、科學、文化、藝術、演藝界和運動界，各界知名人物皆網羅其中。	G-Search、@nifty 商務等資料庫

T 台灣版資訊　　台灣缺乏人物資料庫資訊

台灣缺乏針對政府以及企業人物的整理資訊；不過，對於個別企業或集團企業的營業資訊，包含集團家族控制力、各關係企業的交叉持股、董事長、總經理等基礎資訊的整理，在中華徵信所的資料庫（https://www.credit.com.tw/CreditOnline/UI/database.aspx）或專書裡面可以查詢得到。

8

取得行政資訊的方法

1 取得行政資訊的過程繁雜

到目前為止，我們已談過經濟統計和人物資訊。這一節，為各位介紹取得行政資訊的方法。想取得行政機關的即時資訊，是一件非常困難的事情。在研究的世界裡，特別需要調查事業經營者申請許可、認可或補助金、委辦費的狀況。難以取得資訊的原因如下所述：

1) 行政機關類別繁多，並無單一窗口
2) 補助金與委辦費的公開招標期間大多為兩週，資訊揭露的期間極短

行政機關種類繁多，包括國家主管機關、駐外機構、都道府縣、市區鎮村等，因此，調查這個領域可說是件繁雜的工作。然而，最近有個單位開始整合行政資訊，彙集在一個名為「Mirasapo」的網站（https://www.mirasapo.jp/index.html）。該網站是經濟產業省中小企業廳的委外事業之一；其最大的魅力在於，便是網羅了國家與地方自治團體的補助金、委辦費等公開招標資訊。雖然，目前尚未揭示所有地方自治團體的資訊，但今後的發展，頗令人期待。

> **T 台灣版資訊**   **台灣的 1999 網站，為產業諮詢輔導單一服務窗口**
>
> 台灣方面，經濟部工業局成立的產業輔導 1999 網站（https://assist.nat.gov.tw），擔任產業諮詢輔導單一服務窗口，整合經濟部所屬相關局處司，包括：商業司、技術處、中小企業處、能源局、貿易局、投資業務處、中部辦公室等單位之企業補助與輔導資源。

2 補助金、委辦費等公開招標資訊的取得方法

補助金和委辦費等，交付予事業經營者的制度，分別由各相關部門負責，除了上述的 Mirasapo 之外，原則上只能花費心思去尋找個別資訊。以下舉出揭露未上市企業，特別是與中小企業相關的主要政府機關。

4-6   **與事業經營者相關的主要國家公開招標資訊網站**

厚生勞動省	http://www.mhlw.go.jp/stf/seisakunitsuite/bunya/koyou_roudou/koyou/kyufukin/
經濟產業省	http://www.meti.go.jp/information/publicoffer/kobo.html
經濟產業省中小企業廳	http://www.chusho.meti.go.jp/koukai/koubo/index.html
中小企業基礎整備機構	http://www.smrj.go.jp/utility/offer/index.html
新能源、產業技術綜合開發機構	http://www.nedo.go.jp/koubo/index.html
北海道經濟產業局	http://www.hkd.meti.go.jp/information/koubo/index.htm
東北經濟產業局	http://www.tohoku.meti.go.jp/koho/koshin/kobo/kobo_info.html
關東經濟產業局	http://www.kanto.meti.go.jp/chotatsu/hojyokin/index.html
近畿經濟產業局	http://www.kansai.meti.go.jp/koubo.html
中部經濟產業局	http://www.chubu.meti.go.jp/nyuusatsu_kobo/kobo.html
中國經濟產業局	http://www.chugoku.meti.go.jp/koubo/hojokinkobo.html
九州經濟產業局	http://www.kyushu.meti.go.jp/support/index/html
沖繩綜合事務局經濟產業部	http://ogb.go.jp/keisan/3842/index.html

揭露最多中小企業相關補助金、委辦費等公開招標資訊的窗口是經濟產業省。但是，經濟產業省的窗口又分成中小企業廳和地方經濟產業局（各地方團體分部機關）。對應的窗口因事業經營者主要事業所設置地而不同，基本上是設置地的地方經濟產業局，這一點要隨時記得。

Ｔ 台灣版資訊　台灣主要的公開招標網站資訊

公共工程委員會成立政府電子採購網（http://webtest.pcc.gov.tw/pis/main/pis/client/index.do），匯集各單位採購招標資訊。台灣採購公報網（https://www.taiwanbuying.com.tw/about.asp）為民間企業，亦可查詢政府單位採購招標資訊。另外，台灣諸多產業公協會基於服務會員的角度，亦會整理該產業更為直接相關的採購招標諮詢，如台北市電腦公會（http://www.tca.org.tw/member.php）。須留意，有些資訊需付費加入會員才可取得。

厚生勞動省提供雇用相關的補貼資訊。另外，除了經濟產業省，中小企業基礎整備機構和新能源產業技術綜合開發機構（NEDO）等獨立行政法人，以及國立研究開發法人，也都能找到各自的公開招標資訊。行政資訊相當不易取得，不過，中小企業廳每年都會免費發送《中小企業施策利用手冊》，也能從中小企業廳網站（http://www.chusho.meti.go.jp/pamflet/index.html）免費下載，這本《中小企業施策利用手冊》中，可以找到不少線索。

另外，中小企業廳每年還會發行《中小企業施策總覽》，記載著更詳細的資訊，可以從中小企業廳網站下載檔案。雖然這本冊子必須付費，但內容比《中小企業施策利用手冊》更詳盡，相當值得參考。

再者，都道府縣或市區鎮村級別的制度，由工商服務課的窗口負責籌辦，可以向各部門詢問是否有相關資訊。公開招標資訊揭露的期間，大約都只有兩週，若從看到招標資訊才開始準備，通常會來不及，因此，事先查清楚每年例行性的公開招標事業，就能夠提早做準備。

9

有效利用專業調查公司

1 透過付費服務取得業界數據

① UZABASE 的 SPEEDA

　　若沒有充裕的時間取得業界初期資訊，可以簽定法人契約，有效利用業界數據服務。日本最早的例子，就是 UZABASE 提供的 SPEEDA。在該網站上可以取得各業界國內外統計數據、財務數據、市占率資訊等。另外，另一項特色就是網站上設有諮詢功能，可以請對方把既有數據整理成我們需要的形式。

②日本經濟新聞社的日經 Value Search

　　日本經濟新聞社也提供和 SPEEDA 相同的服務，名稱是日經 Value Search。雖然日經 Value Search 創設的時間較 SPEEDA 晚，但該服務充分整合了日經集團的資源。只要加入該服務，不需支付月費，即可使用日經 Telecom 的搜尋功能，這點也是好處之一。

T 台灣版資訊　　**台灣可參考的業界數據網站**

台灣涵蓋產業較為廣泛的企業資訊與市場情報，為 ITIS 智網（www.itis.org.tw），是經濟部技術處規劃建置的產業知識服務平台。其服務內容包含：產業報告、產業評析、產業簡報、海關進出口資料庫、產銷存資料庫等。不須支付月費，採單篇付費的方式，亦提供部分免費報告可供參考。

③ One Source Japan 的 One Source

　　One Source Japan 的 One Source 服務資料庫中，蒐集了大量的企業數據，提供全世界六千兩百萬家企業資訊、二百一十五國一百九十七個產業的報告書，和二十萬件分析報告。它主要功能是擷取企業報告書的必要內容、企業財務比較、擷取產業報告必要資訊和搜尋報導等；而且可取得的資訊不僅限日本國內企業，連海外企業的數據也能得手，想有效利用海外數據時，是一個很有幫助的網站。

④ S&P Global Market Intelligence 的 Capital IQ

　　S&P Global Market Intelligence 的 Capital IQ 是由 S&P（Standard & Poor's）提供的企業數據服務。S&P 的優勢是信用評等的能力，因此該網站可以找到附帶 S&P 信用評等的資訊，是一大特色。另外，該網站還擁有一千五百件以上的分析報告，可供證券業界參考的資訊十分豐富。

　　以上四家提供資訊的主要公司，其中日資企業有 UZABASE 和日本經濟新聞社，外資企業是 One Source 和 S&P。日本國內最初是由新創企業 UZABASE 先行，創立這種服務模式，隨後跟上的日本經濟新聞社原本就是家大型企業，外資企業 One Source 和 S&P 都是跨國企業。日資和外資各有長處與不足，各位在實際使用前，可以先試用過後，再決定是否付費。

Ｔ 台灣版資訊　　集邦科技提供高科技產業市場分析和諮詢服務

集邦科技（TrendForce）是台灣聚焦在高科技產業的研究機構與市場情報供應商，提供市場分析和諮詢服務；提供即時詳盡的 Dram 價格是其特色，旗下的拓墣產業研究院，提供客製化市場產業和產業策略研究專案。

---

[2]　日本兩大業界市場調查公司

　　沒有充裕的時間自行實施商業調查，或是需要更詳細的分析時，就善用專業的調查公司。專業調查公司種類繁多，成為日本市調協會正式

會員的公司共有一百二十家。如果目的是更加詳細調查業界動向的話，最適合從矢野經濟研究所和富士經濟著手。如同先前提到取得調查報告書一樣，這兩家都網羅眾多日本國內業界資訊，是我推薦給各位的原因。而這兩家公司也都提供委託調查服務。

　　業界調查以外，就依調查目的個別判斷。委託調查公司時，應該確認的重點是：①調查方法、②調查對象業界，比較兩家公司對這兩個主軸哪個領域比較了解。調查方法有兩種，分別為定量調查和定性調查；定量調查的方法除了先前提過的網路調查之外，還有拜訪調查、郵寄調查、電話調查等。定性調查的方法有聽證調查、團體採訪等。因應調查目的選擇調查內容，進而選定調查公司。網路調查以 Macromill 和樂天調查等為大宗。

4-7　調查方法分類

分類	目的	調查方法例
定量調查	假設的量化檢驗	拜訪調查、郵寄調查、電話調查、網路調查等
定性調查	建立假設	聽證調查（Hearing research）、團體採訪等

3　信用調查是信用調查公司和偵探（徵信社）擅長的領域

　　實施信用調查時，委託對象和前述公司不同。想調查企業信用時，帝國數據銀行和東京工商研究這兩家公司是主要大型企業。特別是調查未上市企業，通常都會找上這兩家公司做為窗口。若是第七節提到的人物資訊，想詳細調查個別人物時，就是偵探（徵信社）擅長的領域。委託之前，可以先查詢各單位過去的實際案例。

4 行政相關資訊是智囊團和專業人士擅長的領域

　　第八節提及的行政相關資訊，因為是個技巧全然相異的領域，委託對象又和先前 1 、 2 介紹的專業公司不同。舉例來說，接受行政機關委託的調查，就是智囊團的專業領域。另外，補助金和委辦費相關調查技巧，就是稅理士（編按，相當於台灣的記帳士，協助企業處理稅務）、行政代書、中小企業評鑑師這些專家擅長的範疇。這些領域都是委託個人專家比較容易蒐集到相關資訊，因此，委託時可以先打聽過去的實際案例。

第 5 章

研究的個案學習

Study

1

市場規模調查

1　透過業界團體

　　這一章，讓我們透過調查的個案來學習。觀察基本調查實際使用的方法，應該可以掌握住一些調查方法的基礎印象。首先，是業界團體可以取得資訊的業界，讓我們看看調查市場規模的例子。

案例 1：市場規模調查（業界團體的案例）

> 新人顧問 A 氏，接受上司指派一項工作：「調查工作機具業界的市場規模變化，以及預測業界市場走勢，並且提出報告說明主要企業的資訊。」下週，預計拜訪某家工作機具製造商，因此需要事先準備該業界相關基本情報。另外，A 氏對於工作機具一無所知，而且 A 氏所屬的公司也尚未使用業界資訊的資料庫服務。

步驟 ①：搜尋網路

　　首先，試著用網路搜尋看看。具體來說，就是用「工作機具　市場規模」這組關鍵字下去搜尋。利用這組關鍵字搜尋，就會出現日本工作機具工業會的工作機具訂單統計。工業會網站上有近期數年份每月數據，蒐集這些數據，應該就知道可以得出市場規模。

步驟 ②：查閱《日經業界地圖》

　　下一步，為了掌握主要企業，必須查閱日本經濟新聞出版的《日經業界地圖》。《日經業界地圖》可以看到各製品主要企業的名稱，

另外還有主要品項的國內市占率的資訊。透過這些資訊，可以得知
DMG 森精機、美捷科、大隈、牧野工具機製作所等⋯⋯是該業界的
主要企業。

步驟 ③：業界的變化預測

接著，是調查工作機具業界的變化預測。首先，在網路上用「工
作機具　預測」這組關鍵字去搜尋。如果是已經有業界團體的業界，就
可以取得業界團體自己預測的市場規模變化。調查工作機具業界時，可
以從日本工作機具工業會取得即時釋出的訂單預測。在網路上搜尋，還
能找到提及日本工作機具工業會訂單預測的報導。具體來說，網路上一
直都能找到工作機具訂單預測相關資訊，二〇一六年一月就能取得一整
年的工作機具訂單預測。也就是說，這些預測可反應出成長率的資訊。

步驟 ④：報告

A 氏整理日本工作機具工業會的訂單數據，以及《日經業界地圖》
的市占率數據，向上司報告。承上所述，現有的業界團體中，可以取
得較多資訊量，比較起來可以在短時間內獲得基礎業界資訊。

② 透過調查報告書取得資訊的例子

接下來，讓我們以調查報告書可以取得資訊的業界為例，一起學習
調查市場規模的案例。

案例 2：市場規模調查（調查報告書的案例）

新人顧問 A 氏，接受上司指派一項工作：「調查取出機器人業界
的市場規模變化，以及預測業界市場走勢，並且提出報告說明主要
企業的資訊。」下週，預計拜訪某家取出機器人製造商，因此需
要事先準備該業界相關基本情報。另外，A 氏對於取出機器人一無
所知，而且 A 氏所屬的公司尚未使用業界資訊的資料庫服務。

步驟 ① ：搜尋網路

首先，試著用網路搜尋看看。具體來說，就是用「取出機器人市場規模」這組關鍵字下去搜尋。利用這組關鍵字搜尋，就會出現某大型市場調查公司的調查報告書。但是，裡面並未記載市場規模的具體資訊。

步驟 ② ：查閱調查報告書

下一步，到圖書館實際查閱調查報告書。JETRO 的商業圖書館和國會圖書館，收藏了一些調查報告書。查閱市場調查公司的調查報告書，可以找到市場規模（台數、金額）和主要企業的名稱、市占率，這些都是從調查報告書能取得的主要資訊。同時也能得知該業界著名的上市企業，是有信精機和寫樂鋼筆。

步驟 ③ ：業界的變化預測

接著，是調查取出機器人業界的變化預測。上述的調查報告書，刊載市場預測的數值。使用這些數值便能預測業界的變化。但是，很遺憾的是這份調查報告書，已經是一年前的版本。若想得知近期動向，報告書的資訊稍嫌太舊是一項難點。因此，A 氏連上有信精機的網站，取得有信精機的決算短信。決算短信當中，記載了營業額、淨利、稅前淨利、稅後淨利的成長率。

相同地，連上寫樂鋼筆的網站，可以取得寫樂鋼筆的決算短信。當中記載了新年度的公司計畫，主要事業是文具用品。因此，該公司的成長率，無法做為取出機器人的市場規模預測的參考資訊。有鑑於此，有信精機近期公司計畫的成長率，才是值得參考的資訊。

步驟 ④ ：報告

A 氏整理某大型調查公司的調查報告書，取得其中記載的市場規模數據和市占率數據，向上司報告。承上所述，若是在調查報告書中發現所需項目，基本上可以直接引用，但有時候報告書並未反應近期的業界

動向，只要有效利用主要企業的 IR 資訊，就能補足所需資訊。

　　另外，調查成長率時有幾點必須注意：1）調查報告書資訊太舊、2）有信精機營業額計畫記載的成長率，無法代表業界全體的成長率、3）有信精機營業額計畫記載的成長率，會因匯率水準影響而大幅變化，若取出機器人以外的製品、服務營業額發生大幅變動時，就無法忠實呈現取出機器人的市場趨勢，這一點必須特別留意。

台灣版案例｜透過調查報告書調查市場規模

> 新進同仁胡分析師，接受上司指派一項工作：「調查台灣資訊安全產業主要業者與發展趨勢，並針對可能合作企業擬訂建議，對上級長官進行報告。」

步驟 ① ：搜尋網路

首先，試著用網路搜尋看看，用「台灣 資訊安全 主要業者」這組關鍵字下去搜尋，就會出現資安人科技網的新聞報導、工研院資訊與通訊研究所的專題報告、資策會 MIC 的新聞公關稿件。不過資安人科技網的訊息太過零碎、工研院的報告則從企業需求端的調查進行分析、資策會 MIC 的素材更是 2011 年的資安事件分析，均無詳述台灣資訊安全主要業者以及發展動向的具體資訊。

步驟 ② ：查閱調查報告書

下一步，到某大學圖書館查閱調查報告書。台灣許多大學的圖書館都有收藏與定期採購經濟部技術處出版的產業年鑑。胡分析師找到「2018 新興軟體應用年鑑」，在第五章找到台灣資訊安全產業形貌以及台灣資訊安全主要業者等有用資訊。

步驟 ③ ：業界的變化預測

接著，從台灣資訊安全主要業者當中，就各產品類型挑選幾家業者，進行未來發展動向的資料蒐集，從雜誌報導、研討會論壇進行初步的了解與掌握，更對趨勢科技這樣的領導大廠安排了親自拜訪，進一步驗證了產業年鑑與網路上蒐集情報的內容。因此，對於台灣整體資訊安全產業概況與輪廓，以及未來主要發展動向都有能初步的歸納分析。

步驟 ④：報告

最後，胡分析師以投影片形式綜整各項分析報告，更對公司未來可以合作的企業擬訂建議，向上級長官進行報告。

---

３ 透過事業公司的 IR 資訊調查的例子

案例 3：市場規模調查（事業公司 IR 資訊的案例）

新人顧問 A 氏，接受上司指派一項工作：「調查建築用吊車業界的市場規模變化，以及預測業界市場走勢，並且提出報告說明主要企業的資訊。」下週，預計拜訪某家建築用吊車製造商，因此需要事先準備該業界相關基本情報。另外，A 氏對於建築用吊車一無所知，而且 A 氏所屬的公司尚未使用業界資訊的資料庫服務。

步驟 ①：搜尋網路

首先，試著用網路搜尋看看。具體來說，就是用「建築用吊車市場規模」這組關鍵字下去搜尋。利用這組關鍵字搜尋，就會出現多田野的決算說明資料。從中可以連結到多田野網站的 IR 資訊頁面。

步驟 ②：查閱事業公司的 IR 資訊

接著，查閱多田野網站 IR 資訊頁面上的決算說明資料。決算說明資料當中，記載全世界建築用吊車的市場規模台數，以及建築用吊車業界主要企業示意圖。從這些圖表中，可以看出以台數為基準繪製出的地區別市場規模和主要企業，同時也能得知多田野的市占率。另外，日本建築機械工業會網站也能找到建築用吊車統計資訊，而且資訊僅限日本國內市場，因此可說多田野的決算說明資料，網羅更加廣泛的資訊。

步驟 ③ ： 業界的變化預測

接著，調查工作機具業界的變化預測。在上述的決算說明書當中，刊載著市場規模台數販售實際成績，雖然沒有業界市場預測，但可以找到該公司依地區別分類的營業額計畫數值，地區別的營業額計畫成長率可做為參考值。另外，日本建築機械工業會的網站上，雖然僅蒐集日本國內的資訊，但可以找到建築用吊車的市場規模，以及新年度市場預測台數。如此一來，Ａ氏便因此順利取得台數和成長率。

步驟 ④ ： 報告

Ａ氏蒐集多田野的決算說明資料，其中記載市場規模數據和該公司市占率數據、主要企業資訊，更從日本建築機械工業會取得日本國內台數實際成績與新年度台數預測，加以整理向上司報告。承上所述，若能取得記載各項目的事業公司決算說明資料，基本上即可直接引用。但是，若只能取得事業公司的 IR 資料，雖然也能同時取得該公司的市占率資訊，但大多無法取得其他公司的市占率資訊，因此還必須直接向其他公司詢問，是否能夠取得相關資訊。

④　預測需求的方法

即使取得業界資訊和企業資訊，下一步遇到的困難，就是設定市場全體需求預測、企業業績預測等市場未來的預測值。話雖如此，但其實有時候並不一定這麼困難，預測一般沒有根據的資訊，端看預測者的人主觀認定。而且從先前三個案例來看，有時候業界團體就會寫出預測，調查公司的調查報告書也可能有相關資訊。預測的方法有幾種，在此就列舉以下數點，介紹這些方法。

①參考過去實際成績的成長率
②參考市場調查公司公布的預估需求成長率
③參考業界團體公布的預估需求成長率

④參考業界主要企業預估的市場走向

⑤參考業界主要企業的業績預測

①參考過去實際成績的成長率

第一個方法，是參考過去實際成績的成長率。想預測市場規模，可以從過去市場規模實際成績的成長率著手；想預測企業業績成長率的話，就利用過去業績成長率來推算。這些預測都是用身邊既有的資訊就能得到，比想像中簡單得多。最簡單的方法，就是直接引用上一年度的成長率，更好的方法就是用移動平均法。第一章提到的經濟統計，就記載了相關內容。

舉例來說，若能取得過去三年份的成長率，就將三年數值平均，若取得過去十二個月份成長率，就將十二個月份數值平均，大概就是這樣的計算方式。成長率會隨著事業環境變化，把複數特定時點的成長率數值拿來平均，也是一種方法。

②參考市場調查公司發布的預估需求成長率

第二個方法，就是參考市場調查公司的預估需求成長率。日本國內就找矢野經濟研究所和富士經濟。關於主要市場調查公司，第二章已經提及。市場調查公司所做的市場規模推測數據，不只記載過實際成績，同時也提出預測值。有些領域雖然並沒有製作每年的推測數據，但仍舊可以有效利用做為預測前提。

然而，有一項必須注意的問題點，就是預估的需求成長率，並不一定能反應近期的業界動向。舉例來說，當業界近期需求急遽降低，同時，日圓快速上漲，以日圓做為交易基礎的金額，明顯出現下滑的狀況，此時的預估需求成長率，很可能無法反應出業界的狀況。

③參考業界團體公布的預估需求成長率

第三個方法，是參考業界團體的預估需求成長率。製作業界統計數據的業界團體，通常也會公布預估需求的數據。規模較大的業界團體，

每半年就會修正一次預估需求，這些預測值都能反應業界狀況，是重要的參考依據。

④參考業界主要企業預估的市場走向

第四個方法，是參考業界主要企業預估的市場走向。雖然這個方法不能說適用於所有業界，但有些業界主要企業在設定新年度預估業績時，會以市場走向做為參考依據，並且公布預估的市場成長率。市場走向可說是主要企業設定公司營業額重要的參考依據。以汽車業界為例，汽車零件製造商大抵上都會設定市場販售台數成長率。若想調查建築機械業界，該業界主要企業小松、日立建機的決算說明會資料中，都刊載著市場成長率。

⑤參考業界主要企業的業績預測

第五個方法，是使用業界主要企業的業績預測資訊。大抵上的業界，多數如上所述，不會公布市場成長率。因此，我們必須有效利用上市主要企業的業績預測值。具體的方法，就是用數家公司的營業額合計成長率，做為預測的依據。

5 理想的預估需求的方法

除了第 4 項提及的方法之外，當然還有其他預估需求的方法，例如，零件業界經常用完成品（顧客）業界的市場走向成長率，做為預估需求的參考依據。

承上所述，預估需求的方法有許多種類，到底哪一種方法最好呢？最理想的狀況，就是業界主要企業推算市場成長率，並且定期發布，我們就能從中取得資訊。若是資訊較為開放的業界，更有可能每季都能取得新資訊。

然而，即使是業界主要企業，也無法保證從中取得的資訊一定正確，過度信任是一大禁忌。業界團體和市場調查公司提出的市場成長率，也可做為參考依據，但從更新頻率來看，還是不及事業公司來得頻

繁。《企業四季報》的更新頻率雖然高，但無法有效利用於沒有上市企
業的業界。了解上述提及的各種限制後，我們應該視調查對象業界主要
企業上市的比例，以及公布資訊的程度，進而選擇最適合的方法。

　　事業公司在推算自家公司的預估業績時，並非一定只以業界市場走
向做為參考依據。舉例來說，在預估業績時，若加上以提升市占率為前
提，那麼，所預估出來的業績成長率，就會比業界的市場走向成長率來
得高。在預估需求時，累積數個前提來考量，是重要的環節。若非如
此，一概以業界主要企業的狀況，做為預測業界整體市場走向成長的根
據，自然會推算出相同的營業額成長率；而這樣的預估是否合宜，則
是另一項必須思考的課題。實務上在設定預估業績時，必須考慮數個前
提，評估這些變數對整體的影響，才能推算出更準確的業績預估數值。

2

企業業績調查
～公司計畫比較～

① 何謂公司計畫

接下來，我們一起討論企業業績的研究案例。企業業績是一項重要指標，觀察調查對象企業過去的業績變化，或是與競爭同業的業績做比較，都是幫助我們掌握公司特徵的方法。單獨觀察調查對象企業過去的業績時，應著重在調查對象企業公布的公司計畫（營業額、毛利、稅前淨利、稅後淨利）及達成率，便能從中看出調查對象企業的特徵。另外，與競爭同業的業績比較，便能看出各公司策略的差異。

公司計畫意指上市企業發布的新年度業績預測（營業額、毛利、稅前淨利、稅後淨利）。各公司在決算短信最初幾頁，都會公布新年度的業績預測走勢。各企業公開資訊的方針不同，其中有些企業是完全不公開業績預測。而多數的上市企業，都會發布上半年度的業績，以及後續整年度的業績預測值。

觀察公司計畫，可以一目瞭然就看出新年度業績變化。因此，若想了解一定公司的未來走勢，我們可以透過公司計畫，看出業績將會成長或衰退。蒐集業界主要企業的公司計畫，就能較容易判斷業界整體未來走勢。

對利害關係人（Stakeholder）而言，企業發布公司計畫的確是值得參考的依據，但其中揭露的業績預測，會因各公司公開資訊方針不同，或是市場可能發生急遽變化，預測的精準度也是眾說紛紜。因此，在調查一個自己不甚了解的業界時，必須先參考過去的公司計畫，並比較其後實際成績與預測值的偏離程度。經過這番調查，應該可以看出有些公司習慣向上修正，有些公司則經常向下修正。

向上修正的次數較多的公司，可能是因為業界需求成長，但也可能是該公司本來就比較保守，在發表業績預測時習慣性低估。比較各家競爭同業的業績預測，就能了解各公司的特徵。另外，向下修正次數較多的公司，或許是業界需求緊縮所致，也可能是該公司在發表業績預測時，一向都採取較樂觀的基準。即使是不曾更改業績預測的公司，調查該公司過去的業績預測，可以發現實際業績是高過於預測，或是經常低於預測，掌握這些資訊，較容易去思考今後該如何評估業績預測數值。

2 比較公司計畫的例子

接著，就讓我們來看案例吧。

案例 4：企業業績調查（比較公司計畫的例子）

> 新人顧問 A 氏，接受上司指派一項工作：「調查承軸業界的 B 公司過去業績，並提出財務分析報告。」下週，預計拜訪 B 公司，因此需要事先掌握該公司過去的業績。另外，上司還交待必須調查公司計畫和其後的實際成績做對比。

步驟 ①：詳閱事業公司的 IR 資訊

從 B 公司網站 IR 資訊頁面，找到過去的決算短信。在 IR 資訊頁面，點入 IR 圖書館項目，可以發現決算短信的頁面連結，在那裡可以繼續查看過去的決算短信。

步驟 ②：比較決算短信的決算實際成績值，和從前公司計畫值的差異

下一步，比較第三季決算短信第一頁記載的公司計畫預估淨利，和下一季第四季決算短信第一頁記載的淨利實際成績。實際成績並未達到公司計畫預估淨利，上一個年度也是同樣的結果。雖然主要原因，可能是景氣動向和匯率變動等急遽變化所致，但這樣的結果至少可以看出，該公司是以高標準在訂定公司計畫。

步驟 ③：報告

　　A 氏比較過 B 公司的公司計畫與其後的實際成績，發現這兩年實際成績都未達公司計畫的預測，因而得知該公司是以高標準訂定公司計畫，並將此事向上司報告。如此一來，了解該公司訂定公司計畫時的習慣，自然能夠導出對公司計畫的見解。當然，景氣的變動等外部環境也會帶來影響，過去的結果未必可以一直延用到將來，這一點必須注意。

　　相反的，若是在設定公司計畫時較為保守，實際成績值經常超出公司計畫的預測，就代表這家公司不會輕易高估業績。比較公司計畫預測值與實際成績值，可說是檢驗新年度公司計畫成長率可信度的有效方法之一。

台灣版案例｜調查台灣企業的業績

> 新進同仁王分析師，接受上司指派一項工作：「調查電商業界的 PChome 公司過去業績，並提出財務分析報告。」下週，預計拜訪 PChome，因此需要事先掌握該公司過去業績。另外，上司還交待，必須調查 PChome 連續五年的營收狀況，進行年度分析。

步驟 ①：查閱企業的年報資訊

從 PChome 公司網站投資人專區頁面，找到公司年報項目，就可以發現公司年報的頁面連結；在那裡也可以繼續查詢 2002 年以來，各年度的公司年報，甚至是每一季、每一月的財務報表都可以快速掌握。

步驟 ②：比較營數與獲利狀況

下一步，比較從 2014 年至 2018 年，PChome 的營收與獲利狀況。可從中發現，PChome 的營收從 2014 年的新台幣 199 億元逐年成長至 2018 年的 346 億元，每年均保持一定比率的成長力道。不過從另一個數據來看，每股盈餘從 2014 年的 5.84 元、2015 年的 7.32 元、2016 年的 7.46 元，

一直到 2017 年的 6.54 元，均有不錯的獲利表現。 然而，2018 年每股盈餘是負 8.49 元，是近年來首度出現負值，值得關注並更進一步了解原因。

步驟 ③：報告

王分析師進一步上「資策會 MIC 產業情報網」查詢電商相關報告，從「台灣網友消費調查」以及「蝦皮營運模式分析」等報告中，得知該年由於東南亞電商蝦皮進軍台灣並大力布局行動平台，對 PChome 產生巨大的衝擊與影響，最終 PChome 因應蝦皮的補貼策略，才導致每股盈餘為負值的狀況。

最後，歸納與整理 PChome 相關數據與背後原因，並深入分析台灣電商產業最新的動態，向上司進行完整報告，在拜訪 PChome 之前，對於 PChome 的營運表現以及產業動態，已經有初步掌握。

3

企業業績調查
～競爭同業比較～

① 與競爭同業比較的例子

比較競爭同業的業績，便能看出各公司策略的差異之處。

案例 5：企業業績調查（比較競爭同業的案例）

新人顧問 A 氏，接受上司指派一項工作：「調查改裝車業界新明和工業與競爭同業極東開發工業的過去業績，並提出財務分析報告。此次預先準備的目的，是為了提出改善策略。」下週，預計拜訪極東開發工業，因此希望事先掌握該公司過去的業績。

步驟 ① ：詳閱事業公司的 IR 資訊

從新明和工業和極東開發工業網站 IR 資訊頁面，找到過去的決算短信。在 IR 資訊頁面，點入 IR 圖書館項目，可以發現決算短信的頁面連結，在那裡可以繼續查看過去的決算短信。

步驟 ② ：分析決算短信的財務資訊

下一步，取得兩家公司最近五年間的決算短信財務資訊，並分析其財務狀況。兩家公司的主力事業都是改裝車事業，使用車種以傾卸車為主。在此先取得兩家公司過去五年的改裝車事業營業額和淨利率。

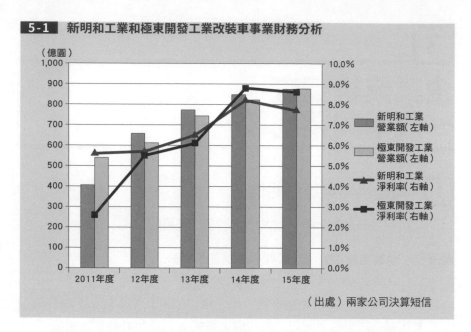

5-1 新明和工業和極東開發工業改裝車事業財務分析

（出處）兩家公司決算短信

　　如圖表所示，比較兩家公司數值，會發現業績變化和規模、淨利率並沒有太大的差距。兩家公司都是改裝車市場的主要企業，市占率也在伯仲之間。改裝車的主要機種是傾卸車，兩家公司市占率合計可說占了日本國內九成以上。因此，這次我們就試著以淨利為基礎，比較兩家公司的事業投資組合狀況。

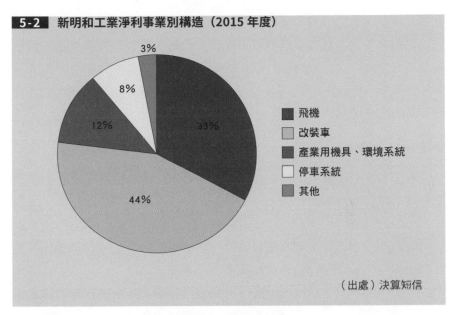

5-2 新明和工業淨利事業別構造（2015 年度）

- ■ 飛機
- □ 改裝車
- ■ 產業用機具、環境系統
- □ 停車系統
- ■ 其他

3%
8%
12%
33%
44%

（出處）決算短信

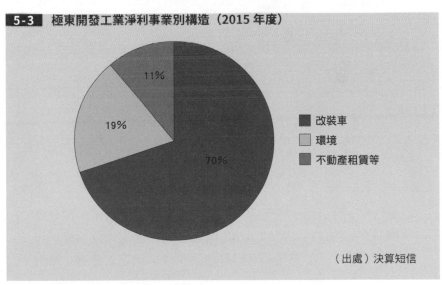

5-3 極東開發工業淨利事業別構造（2015 年度）

- ■ 改裝車
- □ 環境
- ■ 不動產租賃等

11%
19%
70%

（出處）決算短信

　　查看兩家公司的事業投資組合，可以明顯看出差異。新明和工業的兩大主要事業分別是飛機事業和改裝車事業；相對的，極東開發工業只有改裝車事業較為突出，占了極大比例。就算新明和工業的飛機事業或

改裝車事業，其中一方業績低迷不振，另一項事業還能彌補虧損；但極東開發工業若是改裝車事業業績不見起色的話，並無得以彌補虧損的收益基礎。再者，從決算短信來看，雖然記載個別事業的業績，但並無海外營業額的資訊。因此可以研判，這兩家公司都是以日本國內做為發展事業的主要據點。

步驟 ③：報告

A 氏分析新明和工業與極東開發工業兩家公司的財務狀況，向上司提出以下報告：

- 極東開發工業收益基礎集中於改裝車事業，因此在業績穩定成長時，必須利過 M&A 來培育第二項事業
- 雙方海外營業額比例偏低，必須加強開發海外事業，藉以推動事業成長

如同上述一般，不僅分析一家公司的財務狀況，連同競爭同業一起比較，便更加能夠取得深入的見解。當然，正確見解並不只一個，而且也無法保證分析結果必定正確，但這樣的分析也不失為一種觀察的切入角度。

台灣版案例｜調查兩大競爭同業的業績

新進同仁王分析師，接受上司指派一項工作：「調查台灣電商業界兩大公司富邦媒與 PChome 過去業績，並提出財務分析報告與改善策略。」下週，預計拜訪富邦媒，因此希望事先掌握該公司過去的業績。

步驟 ① ：查閱企業的投資人資訊

從富邦媒的與 PChome 官方網站的投資人專區頁面，都可以找到公司財務資訊。以富邦媒體為例，在投資人專頁（http://www.fmt.com.tw/index.php?option=com_content&view=article&id=713&Itemid=28），點入財務資訊標籤，可以查詢到月營收資訊、財務暨營運報告、年報等相關財務訊息。

步驟 ② ：分析財務資訊

下一步，取得兩家公司最近五年間的財務資訊，並了解與分析主要財務與經營狀態。富邦媒定位為 B2C 線上購物，和 PChome 在此業務上直接競爭。富邦媒主要商品銷售地區高達 99.9% 集中在台灣市場。未來一年投資計畫，除了擴大中國大陸和泰國，也尋求與其他東協國家合作的機會。從年營收數據來看，兩家公司目前規模差異不大，都是台灣電商的領頭羊，商業模式也都以 B2C 為主。若從兩家公司主要經營的事業別與商業模式來看，可見差異之處。

PChome 集團事業另有子公司商店街與露天市集，都是電子商務公司，商業模式分別以 B2B2C 與 C2C 為主軸。而富邦媒，除了電視購物與型錄購物之外，也有一小塊 B2B2C 的事業，但目前經營規模不大。綜合來說，PChome 集團事業在商業模式上比較多元，不管 B2C、B2B2C、C2C，都有一定的布局，而富邦媒專攻在 B2C。

再來比較兩家公司的主要產品類型，更可以看出明顯差異。PChome 是以 3C 產品的銷售為主，2017 年占 65.5%，富邦媒則是比較多元，2017 年比較大的產品類型依序是 3C 家電（34.3%）、居家生活（27.9%）、美妝保健（18.8%），各占有一定之比率。有關富邦媒的產品類型數據來源，在年報以及財務報告當中並沒有揭露，在富邦媒公司網站上的投資人活動專區，則有簡報 PDF 檔可供下載查詢。

步驟 ③ ：報告

綜合來說，以兩家公司的營收業績來看，近年來均穩健成長，營收規模已是台灣數一數二，差距相當有限，但從商業模式以及產品銷售類別來看，可見差異之處：

1. PChome 在電子商務的布局多元，B2C、B2B2C、C2C 都有一定之規模。PChome 以販售 3C 產品起家，現今仍是 PChome 銷售品項中最

大的產品類別，同時也是台灣規模最大的 3C 產品線上購物平台，業績穩定成長同時，對於非 3C 產品類別的擴增是必須的，藉以推動整個集團相關電子商務事業的持續成長。

2. 富邦媒則專注在 B2C，銷售品項相對多元，為了確保業績持續保有高成長率，並非朝向 PChome 擅長的 3C 產品攻堅，而是如何吸引更多傳統習慣於線下零售店面販售的商品，能夠藉由線上平台進行購物，才能繼續擴大規模。

4

企業業績調查
～分析匯率影響～

① 匯率影響的調查方法

　　經營進出口貿易的業界，無可避免地會受到匯率影響。特別是出口產業，當日圓高漲時，製品價格以當地通貨為基礎計價，則會成為漲價的主要原因，所以在當地通貨換算成日圓時，會發生緊縮的情況，企業業績也將隨之惡化。因此，上市企業在日圓高漲時，會計算匯率影響程度並公開發布。

　　匯率影響程度，意指美元發生日圓的變動時，對淨利會產生多少負面衝擊。這種情況不僅影響利益面，營業額也會受到匯率影響，本來應該針對營業額、淨利、各會計項目公布匯率影響程度，但有時候並不能完全公布所有資訊。一般來說，最常公布的資訊是淨利，不過有些公司會公布以稅前淨利為基礎的資訊。

> **日圓上漲→以外幣計算製品價格時的漲價→業績惡化**

　　以取得的公開資訊為基礎，能夠推算出匯率影響金額的程度，但為了推算這項數值，必須掌握以下四項資訊。

1）匯率影響程度（以淨利為基礎）
2）近期決算時的匯率實際成績
3）企業面的業績計畫
4）以匯率為前提的企業面業績計畫

　　其中匯率影響程度和匯率帶來的實際成績，大多數的上市企業都會刊載於網站上的決算說明會資料當中。但是，有些企業網站並無此資訊，此時可以直接詢問該企業。出口產業的企業也是以日圓計價，因此可能不會去推算匯率影響程度。

　　另外，海外營業額比率較低的公司，或是海外當地子公司和內部交易較少的公司，也可能沒有推算匯率影響程度。另一方面，有些企業會像佳能（Canon）一樣，在決算短信最後公布所有資訊。依各企業不同，有些領域公開資訊的程度也不同，這時候就一一去詢問比較妥當。

② 取得匯率資訊的效果

　　若能取得匯率前提或是匯率影響程度等資訊，便能預測新年度會發生多少匯率影響金額。舉例來說，從建築機械業界竹內製作所發布的決算說明會資料來思考。竹內製作所在二〇一六年二月份的決算說明會資料中，針對二〇一六年二月份實際成績和二〇一七年二月份的業績計畫，發布以下前提資訊。

1）匯率影響程度（以淨利為基礎）
　　美元對 1 日圓的變動，將帶來 2.56 億日圓影響
2）二〇一六年二月份匯率實際成績
　　1 美元：121.25 日圓
3）二〇一七年二月份匯率前提
　　1 美元：107 日圓

　　接下來說明，從二〇一七年二月份公司計畫可以看出什麼資訊。竹內製作所新年度計畫設定日圓會漲至一美元對一〇七日圓，公司計畫也設定日圓漲至一美元對一〇七日圓，即是業績下滑的主要原因。換句話說，如果日圓高漲到一美元對一〇七日圓，業績下滑的風險也會增加。

　　舉例來說，近期美元匯率為一百日圓。在這樣的匯率水準下，日圓匯率漲幅比公司計畫預估少七日圓。如此一來，跟公司計畫比較起

來，推算淨利計畫預估可能僅下滑以下數值：

7 日圓 ×2.56 億日圓＝ 17.92 億日圓

這就是使用匯率影響程度，推算出來的匯率影響金額。

實際上，匯率不會一直保持在一定的水準，每天都會發生變動。假設第一季決算的階段，匯率是一美元對一一〇日圓，本應能夠抑止利益降低，但現實總是無法如預測般順利。另外，推動降低成本或提升營業額等策略，也可能讓匯率影響金額變得不那麼明顯，因此，公司計畫預測值減去匯率影響金額，未必就能計算出真正的實際成績金額。然而，在匯率大幅變動時，匯率資訊可有效運用於預測未來業績走勢，是一項極有幫助的資訊。

調查特定業界整體匯率影響，是一件十分艱難的工作，因為必須花費心力去蒐集資訊，具體的作業項目如下所述：1）詳閱各上市企業決算說明會資料、2）若資料中未刊載匯率資訊，則必須向各企業詢問、3）推算每一家企業受匯率的影響，最後再加總計算。

第 6 章

整理研究成果

Summary

1

做好準備，提出研究成果

1 平常養成對資訊的敏感度

本章的學習重點是研究結果的整理方法。 在調查到業界資訊或企業資訊之前，想建立假設進而導出研究成果，是一件非常困難的事情。 理想的情況是，平常對研究保持關心，蒐集相關的資訊，就像是把資料放在抽屜裡，需要時可以馬上取出使用。 為了做好上述準備，平常就必須遵照以下要領，整理必要的資訊：

1）資訊內容摘要
2）取得時間
3）出處

我想很多時候取得的資訊媒介是紙張，但當我們需要調查某項資訊時，如果沒有先將紙本資訊輸入電腦，就必須花費更多時間來整理。 最理想的做法是，若有機會取得下列項目的摘要資訊，就整理起來以備不時之需。

1）企業商業模式概要
主要競爭對手、 市占率、 主要使用者、 主要推廣地區、 主要製品與服務、 主要生產據點和營業據點、 主要風險等
2）業界動向
由經濟統計得知市場規模變化、 資訊來源，或是市場調查報告書出處、 經濟統計公開時間等

我們無法預知何時可以用得上資訊。只要在抽屜裡存放愈多資訊，一旦需要時就能派上用場。因應蒐集多少隨時能夠從抽屜拿出來使用的資訊，準備時間也會跟著改變。

順帶一提，建議各位可以利用試算表表單來製作資料庫。文書軟體適合用於製作會議記錄，然而在計算業績與市場規模變化這類數值時，並不是那麼方便使用。試算表可以利用工作表分類各項目彙整資訊，請善用工作表整理各項目。

② 研究對象業界不斷改變的情況

如果各位擔任顧問工作，或是必須觀察多項業種的業務負責人，客戶會隨著業種而不同，因此必須整理的企業商業模式範圍相當廣泛，我想這應該是件困難的工作。然而，各業界的市占率和市場規模等數據，平常就可以從日本經濟新聞等媒體找到相關資訊，只要善加收藏保管，在緊急的時刻或許就有機會使用。關於如何養成平常對資訊的敏感度，在第七章有詳盡的整理，請各位參閱第七章。

2

文章表現的注意事項

① 集中於主張的論點

　　本項說明整理研究成果時，於文章表現上的注意事項。在研究的過程中，最容易陷入的狀況就是想說的事情不斷增加。這是因為在調查時，許多項目會愈來愈詳細。但是，一旦使得主張的論點過度擴張，反而會讓應該傳達的論點失焦。因此在撰寫文章時，應先思考想傳達的結論，之後再以論證導向該結論，以這樣的順序來整理論點，就能完成文章的基本架構。

② 不必將所有資訊寫進去

　　第二個必須留意的重點，是不要使用全部的已知資訊。理想的情況是，假設自己調查所知的資訊是一百，就使用其中二十左右去整理，剩餘的八十用於回答質疑，這樣的資訊導入方式，可以達到最好的平衡。若將所有已知資訊寫入，將導致沒有新項目可以用於回答質疑。再者，全部使用後，內容可能包含太多成果。建議各位在寫文章時，最好還是留幾張回答質疑用的王牌。

③ 避免使用難懂的術語

　　第三個須留意的重點，是盡量避免使用難懂的術語。整理的文章內容表現如果充滿專業術語，不懂的人讀了之後也難以理解。就算為了理解讀下去，一再遇到難懂的情況，最後也會失去動力而無法讀完。特別是外來語太多，容易讓人記不住。如果迫不得已必須使用的話，在初次

出現時就用註解的方式來說明術語，或是文中加入說明術語的內容。

4　避免使用重覆的表現

第四個留意的重點，是避免使用重覆的表現。除了想強調重要內容時，有一種方法是刻意重覆提及，否則基本上不要重覆使用表現方式比較好。

5　將文章剪裁成簡短的段落

第五項留意點，是將文章剪裁成簡短的段落。對讀者而言，冗長的文章不易閱讀。短文比較容易讓讀者記得住，因此在寫作時，應該記得盡量分成簡短的段落。

6　見解與事實應分別陳述

第六項留意點，是分別陳述見解與事實。做研究時，對於今後業界的走向，或是調查對象公司過去的實際成績增減主要原因等狀況，應該會愈來愈了解。然而，這些內容是否有確切的公開資訊，或是從自己的調查成果類推所得，必須明確的區分開來。在撰寫之時，應先調查是否有確實的資訊足以證明論點。

例1）二〇一五年度 A 公司營業利益減少

　　→事實

例2）二〇一五年度 A 公司 B 製品的營業額減少，造成營業利益下降

　　→公司的決算短信和決算說明會資料提及的內容即為事實

　　→無法取得任何公開資訊，從研究中推測的內容即為見解

例3）二〇一六年度 A 公司將推出新製品 C，營業利益應會增加

　　→見解

7 用語必須統一

第七項留意點是統一用語。即使是敘述相同事實，可能也有複數用語可用，例如：軸承的別名也叫培林。同時使用意義相同，名詞不統一的用語，可能產生讓人以為是說明不同事實的風險；因此，在敘述相同事實時，建議使用統一的用語。再者，相同用語也可能因定義範圍而產生不同的意義。

舉例來說，工作機具這個詞彙，在日本是指切削機具，但是在海外可能也包括沖壓機等成形機具。詞彙的定義會因國家而異，說明全球市場的相關話題時，就必須明確定義用語的意義。

8 明確記載引用出處

第八項留意點是明確記載引用資訊的出處。當文章中出現市占率和市場規模等數值資訊，或是引用他人見解等情況，務必明確記載出處。特別是實際成績與預測，必須區別清楚。在文章中必須明確記載是自己的預測，或是從某出處引用的內容。因為讀者或聽眾可能需要藉由出處資訊，去調查更詳細的資訊，因此記載出處則更顯重要。

9 引用數據應統一出處

第九個留意的重點，是統一引用數據的出處。調查市場規模時，可能會查到複數調查公司調查、推算的數據。國家和業界團體所做的經濟統計，即使是相同品項和服務，也可能因為調查企業母體數不同，造成數值上的差距。若是引用了不同出處的數據，可能破壞數據的連續性，因此必須統一出處。

10 以讀者或聽眾想了解的資訊為優先

第十項必須留意的重點，是以讀者或聽眾想了解的資訊為優先。研究時容易陷入一種狀況，就是偏離讀者或聽眾想得知的資訊。這是因為

調查到一定程度，很容易想把己調查到的事實寫入文章。但是整理報告書和簡報資料的目的，本來應該是盡量讓讀者和聽眾取得資訊。因為研究所得知的內容有限，很難完全滿足對方的需求，只能努力讓對方得知所需資訊。然而，也不能勉強去迎合對方想知道的資訊，否則整理出來的理論可能因此失去一致性。若是真的無法確認資訊的真實性，就必須清楚告知該內容屬於「見解」。

3

整理架構的方法

1 決定媒體

　　整理研究成果時，我想多數人都是使用投影片軟體（如：Power point），這是因為多使用於簡報目的。而報告形式文件則多使用文書軟體。因應使用場景，選擇合適的軟體，而相較於投影片軟體必須將資訊簡化呈現，報告形式的文件就不能只寫上關鍵字，還必須寫出說明文，依目的來決定使用時機。

2 決定架構

　　無論是使用投影片軟體或是文書軟體，兩者所整理出來的簡報或報告都必須具備好的架構。也就是說將調查後整理的資訊，依項目別來整理。不過，只是將調查後的內容依項目別整理仍不夠完善，還必須節錄出每一個項目的摘要，再與架構連結起來。企業分析的研究比較常見的整理方法，列舉如下：

1）業界動向
2）業績動向
3）今後的預測及改善點

　　在此，我們必須重提第一章的 4S，也就是依循「Structure」（構造）、「Statistics」（統計）、「Share」（市占率）、「Strategy」（策略）這四個 S，這也是最典型的整理方法。但營業負責人或顧問，最後

不僅需要提出研究成果，大多還必須做成提案書。先說明結論，之後再導向原因，這就是組成架構最常見的過程。理想的狀況是，在開始研究前，就建立大致上的架構，因為不一定所有研究就能順利照著自己的想法發展，因此必須因應狀況來改變假設。

③ 主題之外的內容收錄於附件

建立架構的過程，會因為個別情況而不同，並沒有標準答案。因此應該依個別情況，來判斷如何設定主題。然而，實際研究的時候，經常必須觸及主題以外的內容。研究進展到一定的程度，很容易會想把調查所得的內容，全部當成必要的資訊寫入研究成果，此時應該遵照先前的章節所述，預留一些資訊當作回答質疑的材料。

無論如何都必須附上補充資料時，建議最好是以附件的形式來揭露。舉例來說，未直接觸及主題的資訊有 1）調查對象企業過去的業績變化、2）調查對象企業競爭同業與類似企業的業績比較變化、3）調查對象業界的市場規模變化等，這些都是讀者和聽眾極欲得知的結論。大量掌握這類資料，對讀者和聽眾而言，可能會增加難以理解的感覺，因此應該盡量減少提示資料的份量。

4

圖表的整理方式

1 用強弱色調製作圖表

接下來，向各位說明製作圖表時，幾個必須注意的重點。整理資料使用投影片或文書、試算表軟體，最好是每個功能都用得很熟練。但是，並不是所有人都熟悉軟體的每項功能。但是最低限度，有一點希望各位能夠注意，就是圖表的配色強弱。只要注意到這一點，對讀者和聽眾來說，通常能夠留下好印象。具體來說，配色強弱的重點有以下兩項。

1）列舉項目交互使用深淺色調
2）隨時注意色彩是否調和

製作研究成果並印刷成紙本時，如果使用彩色列印，就可以用不同顏色呈現圖表，但有時候也會使用黑白列印。設定為黑白列印時，只能呈現色彩的深淺，圖表的分界很可能變得看不清楚。上述項目1）可以避免這種狀況發生。利用圓餅圖或柱狀圖顯示複數項目時，色調較深的項目，旁邊最好配上淺一點的顏色，而淺色項目的旁邊則設定為深色，如此一來，在黑白列印時也能看出各項目的分界，整體上較容易識別。

6-1 柱狀圖範例

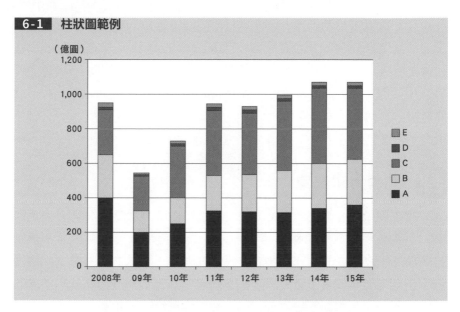

另外，使用彩色列印時，還要留意色彩是否調和。混合兩種不同色彩的顏料，會混出另一種顏色，可由色彩的排列順序看出變化。具體來說，色彩分成十二個系統，分別是「紅」→「紅橙」→「橙」→「黃橙」→「黃」→「黃綠」→「綠」→「藍綠」→「藍」→「藍紫」→「紫」→「紅紫」→「紅」，依序繞成一圈循環。

6-2 色彩的排列

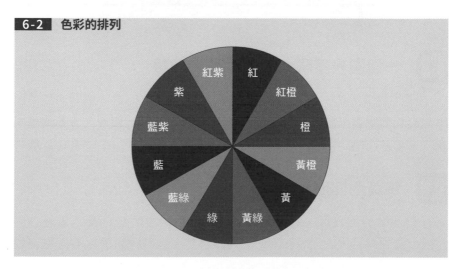

　　使用圖表來標示不同項目時，只要記得上述排列順序，再依色調深淺交互設定，就能做出色彩調和、明顯易懂的圖表。舉例來說，用柱狀圖呈現 A、B、C、D 四個項目時，可以依照紅色（深色）、桃色（淺色）、藍色（深色）、水藍色（淺色）這樣排列。實際使用時，並不需要遵照十二個系統的色彩排列順序，只要記得色調變化的原則，交替使用深色與淺色即可。

2 　圖表力求簡單

　　用來顯示研究成果的圖表，最大的重點就是力求簡單。因為愈是簡單，就愈能清楚傳達訊息。再者，研究的主角是分析結果，並不是圖表本身。雖然我也曾看過有些調查報告書當中，放入許多圖表來徒增頁數，但個人並不欣賞這種做法，因為讀者與聽眾只想知道結論和明確的分析結果。正如先前所說，若真的必須提供與主題不相關的圖表，就用附件的方式比較恰當。另外，看到圖表繁多的調查報告書，還必須注意觀察其論點是否可信，最常見的例子就是濫用的氣泡圖。若目的明確的話，的確適合使用氣泡圖，因為氣泡圖可以讓報告書看起來更生動。拿到一份看似精美的調查報告書，應注意不要流於形式，論點內容是否有參考價值才是重點。換句話說，使用複雜的圖表時，應確實檢視該圖表是否有實值效果再加入活用。

3 　一個圖表呈現一個項目最為理想

　　理想的情況是一個項目搭配一張圖表。視情況而定，有時可能必須用二到三個圖表來說明一個項目，但圖表過多的話，會讓人分不清主要說明事項是什麼。因此，在做報告書的時候，應盡量減少圖表的數量。

4 　每頁內容閱讀時間約二至五分鐘

　　理想的簡報資料，每頁的資訊量應控制在二至五分鐘。若能控制在兩分鐘左右可以說完的資訊量，內容自然會變得較簡單。雖然有時候

可以延長到五分鐘左右，但一張簡報投影片如果講太久，會因為沒有變化而使聽眾感到厭倦。相反的，如果切割得太頻繁，將造成投影片太多張，聽眾反而會覺得簡報資訊量過多。

5 投影片文字力求簡潔

製作簡報資料時，應盡量控制投影片的文字數。在演講或研討會中，有時會看到文字很多的投影片資料。但是，若將所有文字資訊都寫入投影片，反而會令聽眾看得更不清楚。再者，將敘述內容全部放入投影片中，聽眾的注意力會被手邊的資料吸引，可能無法專心聆聽講者說話的內容。與其將所有文字都寫入投影片，還不如盡可能讓聽眾一邊做筆記，如此一來，講者的說明才不會讓人感到厭倦。另外，若是製作報告書，就必須精準控制圖表的說明，避免發生過與不足的情況。

6 用不同方式呈現將來走勢的預測結果

繪製市場規模和業績的變化圖表時，經常會出現未來走勢的預測結果，此時應該用不同顏色來標示實際成績與預測。具體來說，實際成績用深色，未來走勢的預測結果用淺色。若是折線圖，實際成績就用實線，未來走勢的預測結果用虛線，這樣畫出來的圖表較能一目瞭然。

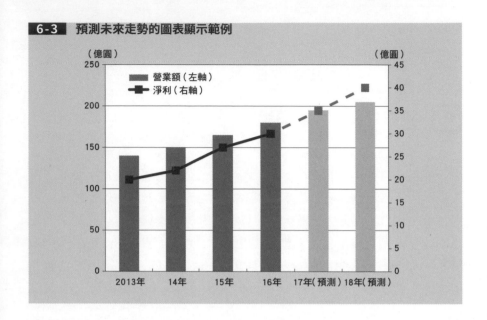

6-3　預測未來走勢的圖表顯示範例

7　比較圖的主項目用深色或粗線條來強調

製作比較分析圖的時候，若需要呈現複數項目，就用深色調或粗線條來呈現調查對象的主要項目，這樣的圖表一眼就能看出變化。舉例來說，繪製折線圖時，建議使用粗線條來標示主要項目，其他項目就用細線條標示。如此一來，主要項目就會比較明顯。

6-4 折線圖顯示範例

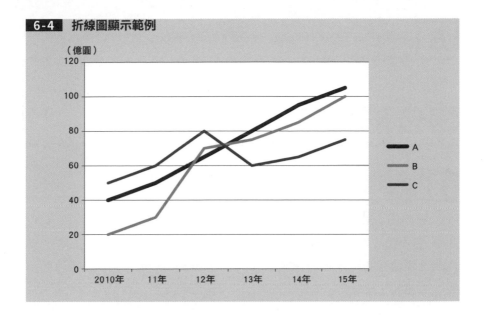

5

報告形式的整理方式

1 以企業調查報告書為例

　　第四節介紹過整理的方法，分別敘述文章表現、架構、圖表的概要。這一節將為各位分別論述，簡單說明企業調查報告書的案例。撰寫調查報告書的時候，有幾個基本事項必須確實掌握。具體的基本事項如下所述：

1）公司概要…股東結構、沿革、組織體制等
2）外部環境分析…市場環境、競爭同業分析等
3）內部環境分析…員工數、連續工作年數、事業構架等
4）業績變化…收益性分析、效率性分析、安全性分析等

　　上市企業與競爭同業比較分析時，通常會加上 PER、PBR 這些股市指標來分析比較。而未上市企業的公開資訊比上市企業還少，以聽證調查形式來蒐集資訊的比例較高。

第 7 章

更進一步
提升自我

Self-
improvement

1

持續閱讀新聞報導

1 持續關注相同業界

①每天閱讀日本經濟新聞

　　本章和各位聊聊，平時應該注意哪些事情，才能做出更好的研究成果。一般來說，股市分析師或記者都經常採訪業界人士，透過採訪累積經驗、提高見識。但是，對於普通的商務人士而言，並不能輕易獲得頻繁的採訪機會。因此，平時最低限度應該做的事情，就是每天閱讀新聞報導。而實際上應該閱讀的報導，個人最推薦日本經濟新聞。我和日本經濟新聞社並無任何關係，但仍不得不說，日本經濟新聞社的調查能力極高，涉獵所有與經濟相關的議題。日本經濟新聞有些會刊載決算實際成績預測，有時也會發布經營統合的快報。說是商務人士必讀的報紙也不為過，但叫我感到意外的是，不少人並沒有閱讀該報的習慣。訂閱日本經濟新聞，是所有企業研究的基礎，希望各位務必養成閱讀該報的習慣。同時，若發現感興趣的報導，也別忘了保存下來。

　　具體來說每天該做的事情，就是日復一日閱讀日本經濟新聞早報。晚報不須特別重視，但早報經常有重要訊息。日本經濟新聞的早報編排，擷取前半部大致可分為以下內容：

7-1　日本經濟新聞早報前半部編排

版數	項目
第 1 ～ 3 版	綜合
第 4 版	政治
第 5 版	經濟
第 6 ～ 7 版	國際
不固定	廣告
不固定	亞洲
不固定	企業
不固定	投資資訊
不固定	市場
不固定	證券

　　由上表可得知，前半部大抵上的編排，第一至三版是綜合新聞、第四版是政治、第五版是經濟、第六至七版是國際。第八版之後，雖然項目的順序不變，但依報導篇幅大小不同，所占版面也會隨著改變。既定的排版順序是廣告（大幅的滿版廣告）、亞洲、企業、投資資訊、市場和證券。

　　其中商務人士必須掌握的資訊，都刊載於綜合到市場的版面。綜合、政治、經濟、國際這些項目的報導內容，並非只有個別業界的話題，更包括政治經濟整體局勢，以及每天重要程度較高的企業資訊等。因此，各位最好是大致翻閱一下。其次是亞洲、企業、投資資訊、市場也需要去涉獵，但早上時間通常不夠，很難有餘裕全部看完。因此，亞洲、企業、投資資訊、市場這幾個版面，只要集中閱讀自己需要的業界，若有時間再繼續閱讀剩餘的版面。

　　翻閱報導之際，有一項重點希望各位掌握住，就是持續觀察特定的單一業界。在事業公司上班的讀者，自然會去注意所屬事業公司的業界資訊，但顧客的事業可能各有不同，因此很少只專注於特定的業界。此時，各位可以鎖定一個業界做為持續觀察的對象，只要是該業界的相關報導，務必抽空閱讀。一開始，應該經常對報導內容一知半解，只要發現不懂的術語，就上網查詢。若在企業或投資資訊版面，發現感興趣的企業，也可以查詢官方網站，更深入去了解該企業。

T 台灣版資訊　　**台灣報導經濟、產業新聞的媒體**

在台灣有關經濟方面的新聞，《經濟日報》與《工商時報》是兩大主流報紙。
除此之外，也有比較專門且深入的雜誌與數位媒體，如耕耘科技產業的電子
時報（Digitimes），有線上閱覽也有實體紙本，線上閱覽方面可上其網站
進一步了解其付費會員的相關權利義務。
另外，如《今周刊》、《商業周刊》、《數位時代》、《天下雜誌》等，以
每週、雙週、每月等頻率定期出刊，都有針對當期產業關注的焦點專題進
行比較深入的分析與報導。
再則，台灣不少新興的數位媒體，如 TechOrange、Inside 等，每天都有全
世界與台灣重要的產業新聞報導，聚焦在新創趨勢、人工智慧、金融科技、
5G 等新興議題。

②從業界新聞取得更詳細的資訊

訂閱日本經濟新聞之後，如果經濟情況許可的話，我建議再訂一份
業界新聞，也就是自己所屬的事業公司，或負責業界的相關新聞。例
如，想知道製造業整體情況，日刊工業新聞或日經產業新聞是主要參考
對象，幾乎囊括業界所有訊息。尤其是日刊工業新聞，經常刊載一些獨
家業界統計資料。

閱讀日刊工業新聞，不僅能掌握近期業界動向，還能取得汽車、
機械、化學、電機等各大業界資訊。再者，日經產業新聞的性質也是
一樣。每當特定的業界發布新消息時，這兩家報社通常都是率先報導的
媒體。舉例來說，汽車業界主要大廠每月出貨台數，或是工作機具主
要大廠每月訂單金額，這兩家報社每個月一定會報導。每一家工作機具
主要大廠的每月訂單金額，一定都是這兩家報社最先報導，對於工作機
具業界相關從業人員而言，可說是極重要的資訊來源。另外還有一個
例子，射出成形機業界每月訂單台數統計，並未發布於業界團體的網站
上，只有日刊工業新聞每月不定期報導。

除了日刊工業新聞和日經產業新聞之外，還有許多業界新聞，各自
專精於不同的製造業領域，例如：汽車業界最佳參考來源是日刊汽車新

聞、化學業界以化學工業日報為大宗、半導體業界則是電子裝置產業新聞。這些業界新聞都刊載著更詳細的業界資訊，能夠帶來極大的助益。汽車業界從業人員必須訂閱日刊汽車新聞，而化學業界從業人員，則必須訂閱化學工業日報。化學工業日報不僅詳細報導各化學製造商，同時也刊載素材、化學製品的市況數據，可有效運用於市況調查。

業界新聞的報導資訊十分豐富，比前述的日刊工業新聞和日經產業新聞更加詳細。因此，愈是初入業界的人，在閱讀日刊工業新聞和日經產業新聞時，可能愈感到難懂。然而，只要持之以恆閱讀下去，必定能夠對業界有更深入的認識。

7-2　主要業界新聞一覽

業界	新聞名稱	
製造業整體	日刊工業新聞	日經產業新聞
農林水產	日本農業新聞	水產新聞
建設	日刊建設工業新聞	日刊建設產業新聞
食材	日本食糧新聞	食品產業新聞
纖維	纖維 News	纖研新聞
醫藥品	藥事日報	日刊藥業
化學	化學工業日報	
自動車	日刊汽車新聞	
鋼鐵	日刊鋼鐵新聞	日刊產業新聞
電機、電子零件	電子裝置產業新聞	
能源	電氣新聞	天然氣能源新聞
物流	日本流通產業新聞	
零售	日經 MJ（流通新聞）	通販新聞
資訊通信	日本情報產業新聞	株式新聞
金融	日本證券新聞	住宅產業新聞
不動產	日刊不動產經濟通信	
教育	日本教育新聞	
觀光	觀光經濟新聞	

③透過企業即時發布的消息可得知最新資訊

若想取得上市企業的資訊，可以有效利用日本證交所集團的網站，查閱即時公開資訊閱覽服務（https://www.release.tdnet.info/inbs/l_main_OO.html），就能取得更近期的公開資訊。上市企業透過證券交易所發表的官方公開內容，全都刊載在此處。因此，若想知道自己關心的企業是否發布新消息，建議各位不厭其煩，勤加確認。

再者，這項服務還能透過網站去搜尋最近一個月的資訊（https://www.release.tdnet.info/index.html）。因此，即使是前一天漏看了的內容，也能回溯到過去查詢。另外，若想調查上市企業的決算發表預定日，各有些較親切的企業，會在刊載在公司網站上，但有些企業並不會公布這些資訊。由於日本交易所集團蒐集各公司決算發表預定日，可以在事前利用 Excel 數據，調查到個別公司的決算發表日（http://www.jpx.co.jp/listing/event-schedules/financial-announcement/index.html）。但很可惜的是，該數據並無記載發表時間，若想調查確切時間，只能個別詢問事業公司。

T 台灣版資訊 | **查詢台灣上市、上櫃企業公開發布消息管道**

台灣證券交易所公開資訊觀測站（http://mops.twse.com.tw/mops/web/index），也能取得相關資訊，包括上市、上櫃、興櫃和公開發行。
台灣證券交易所公開資訊觀測站，亦提供財務報表查詢，包括月營收、季報、年報，可提供 XBRL 和電子檔兩種格式。

2　持續追蹤相同業界的效果

①培養觀察業界的眼光

各位可能會覺得，持續蒐集相同業界的資訊，到底有什麼效果？首先，可以漸漸學習到業界知識。持續觀察相同業界，對該業界的景氣動向、新製品與服務的資訊、市占率、決算等資訊會變得更加敏感。

而且，透過觀察業界時事資訊，也可培養出觀察業界的眼光，習慣之後，應該就能針對今後的發展，表達自己的見解。

理想的目標，正是能夠針對今後的發展，說出自己的見解。只要取得業界景氣動向，就能透過業界動向，自然地推論出目前景氣的狀況。如此一來，閱讀新聞一事就會變得愈來愈有趣。研究與調查的時間也會慢慢縮短，資訊的精確程度也會隨之提升。

達到專家等級後，甚至能夠發覺新聞報導中的錯誤。新聞刊載的資訊，並非百分百正確。常見的例子，就是日本經濟新聞的觀測報導。日本經濟新聞會在企業決算截止時期前後，針對企業業績發布觀測報導。依報導內容不同，也可能造成股價變動。但是，觀測畢竟是個人見解，書寫的內容未必就是結果。再加上有時候關於醜聞等重要報導，就用掉報紙一整版，所以裡面的資訊並非完全正確。因為觀測是根據採訪資訊為基礎，刊載後也可能遭企業方否認。即使觀測報導的資訊正確，卻因為觀測報導上報，導致企業方改變態度，這種事情也是有可能發生。

②培養從特定業界觀察其他業界的眼光

第二點，就是培養從特定業界觀察其他業界的眼光。以特定業界動向為基礎來看其他業界，視野會比較寬闊，也會提升對特定業界未來走向，觀察的精確程度。即使是一則小新聞，只要持續閱讀下去，再次閱讀到相關報導，就能提出自己的見解。

舉例來說，每天固定閱讀機具業界報導。機具業界的走勢，和顧客的業界關係十分密切，例如：汽車業界和電子零件業界等。當我們看到一則報導指出，汽車業界生產台數有減少的趨勢，應該就能聯想到「機具業界設備投資，例如工作機具和工業用機器人訂單可能減少」。相反的，看到報導指出工作機具和工業用機器人廠商，對生產汽車業界的設備投資減少的話，就能假設汽車業界的業績有走低的趨勢。

③理想狀況是能夠從新聞報導聯想後續反應

理想的狀況是看了新聞報導後，能夠聯想到接下來會發生的事情。舉例來說，最近三菱汽車發生油耗標示不當的問題。看到這則報導，應該可以聯想到接下來會發生什麼事。我所想到的例子如下所示：

1）三菱汽車股價下跌
2）三菱汽車員工減薪、裁員
3）下游中小企業工作量減少、破產
4）地區（例如水島製作所的所在地岡山縣倉敷市）經濟惡化
5）三菱汽車面臨撤銷上市資格的風險（最糟糕的情況是破產）
6）國家（經濟產業省）實施經濟政策

首先，對上市企業不利的報導刊出後，我想應該很容易聯想到該公司股價會下跌。根據報導內容情況不同，發生員工減薪或裁員的可能性會提高，下游中小企業工作量減少，最糟糕的情況是破產。如此一來，便能想到三菱汽車主力工廠所在地，岡山縣倉敷市經濟惡化的情況。再者，對地區經濟的影響擴大的話，國家（經濟產業省）便會實施經濟政策。

承上所述，一旦習慣閱讀新聞報導，就可以開始訓練閱讀報導後，聯想接下來可能發生的事情。累積思考訓練後，漸漸就能夠只靠閱讀新聞，就能想到接下來的事態演變。

Ｔ 台灣版資訊　　**從新聞報導聯想事態演變**

在台灣，比如說 2019 年 5 月，各大媒體均大幅報導中華郵政物流中心招標爭議，PChome 董事長發表相關聲明等。從此新聞事件內容，排除政治上的爭議，可進一步去聯想此招標爭議的關鍵點在於，其實各大電子商務業者對於物流中心倉庫的需求很高，進一步理解未來電子商務產業的競爭態勢下，物流中心倉庫對於電子商務業者未來發展的重要性與日俱增。累積這樣的思考訓練，對於日後產業競爭態勢，會有更進一步的深入見解。

3 利用經濟新聞 App 閱讀報導

①日本經濟新聞電子版

最近，除了紙本媒體，還出現許多用智慧型手機就能閱讀新聞的 App。紙本媒體都有固定的發行時間，當天刊載的報導資訊對於商務人士而言，很可能已經是共通的認知。相對的，新聞 App 可以隨時發布快報報導，能取得更即時的資訊。各新聞媒體都提供新聞 App，其中以經濟新聞為主的媒體，就是日本經濟新聞電子版。日本經濟新聞版子版的特色，是可以閱讀過去的報導。而且也可以更快取得快報報導。但是，免費會員可閱覽的報導數量有限，原則上必須加入付費會員。日本經濟新聞早報刊載的報導內容，大多都會成為當天商務人士討論時事的話題，同時也會影響關係企業當天的股價，因此，可說是日本商務人士都使用的工具也不為過。

② UZABASE 的 News Picks

不同於剛提到的日本經濟新聞電子版，也有不隸屬任何新聞媒體的獨立媒體，推出經濟新聞 App。其中一個是 UZABASE 提供的 News Picks（新聞精選），名稱是經濟 New App。這家公司和第四章提及的 SPEED 一樣，都是提供業界數據服務的公司。雖然二〇一三年秋天才開始服務，這個 App 的特色，就是蒐集了湯森・路透、時事通信、鑽石社等，多數新聞媒體的報導，屬於一種策展式（Curation）App。日本經濟新聞社的 App 可以讀到的報導，僅限日本經濟新聞刊載的新聞，但只要透過上述新聞 App，就可以在一個 App 當中，閱讀到原本是競爭關係的各家新聞報導。而且這種 App 大多是免費提供。成為付費會員後，就能讀到更多報導，如：《華爾街日報》或《紐約時報》等，另外還能看到 News Picks 編輯部的獨家報導。

再者，這種 App 不僅可以閱讀報導，另外一項特色，就是像 Facebook 或 Twitter 一樣有意見欄，可以發布自己的意見。在這個 App 裡，可能會有大學教授、經濟學者、顧問、經營者和記者等有識之士

留言，因此不僅可以閱覽報導，還能在閱讀的同時，看到其他人的意見。另外，因為報導下方附有意見欄，也能留下自己的意見。

③其他新聞 App

其他還有 Gunosy（由 Gunosy 公司提供）、SmartNews（由 Smart News 公司提供的同名 App）、antenn（天線，由 GLIDER associates 提供）等新聞 App，雖然有些比上述的 News Picks 還早成立，但都屬於綜合新聞 App，不能保證經濟新聞的比例較高。真要說起來，印象中演藝和運動方面的報導較多。至於使用起來的感覺，每個人都有自己的喜好，但若是主要目的是想閱讀經濟新聞的話，基本上，還是以日本經濟新聞電子版和 News Picks 最為方便。

另外，日本雅虎也在二〇一二年七月，提出名為 Yahoo！New BUSINESS 這個經濟新聞 App，但二〇一五年九月，該 App 就停止服務。大型企業雅虎都退出該市場，由此可想像得到，新聞 App 的競爭有多激烈。

T 台灣版資訊	台灣經濟新聞 APP

台灣經濟新聞 APP，常用的有經濟日報 APP、Yahoo 財經 APP、鉅亨網 APP 和嘉實資訊今日財金 APP 等等。

4 經濟報導的相關評論

在閱覽報導的同時，若想提高對經濟情勢的理解力，建議各位針對報導去寫下意見。每天閱覽報導極為重要，但只是閱讀卻無機會提出想法的話，經過一段時間，就不會留在記憶中。因此建議各位養成習慣，讀完一篇自己感興趣的報導後，就持續在 News Picks、Facebook 或 Twitter 等網頁寫下評論。

不過，當我們決定撰寫報導評論時，會驚覺針對該報導想不太出來該寫什麼評論內容。會有這樣的情況，原因在於我們對於該報導，還沒

掌握詳細的知識。因此，撰寫報導相關評論時，必須先上網搜尋報導的關連資訊。之後再思考該寫什麼內容，這麼一來，就比較容易寫出自己的意見。

　　一篇評論並非單純只是寫出自己的感想，還要記得寫下報導的摘要。持續撰寫評論，針對一則報導，就能抱持自己的見解，同時也能慢慢學會業界的知識。「堅持就是力量」，只要持續撰寫評論半年的時間，對於世間發生的時事，應該就能提出自己的看法。

2

持續閱讀分析師報告

① 大型企業的分析

除了新聞報導或書籍，證券公司發行的分析師報告，也能提供許多幫助。新聞報導刊載的報導，大多都持續集中在特定的事業公司，沒有大型企業以外的資訊，但分析師報告，都是由證券公司所屬的股市分析師撰寫，他們會持續觀望特定事業公司，並隨時提出分析報告。特別是大型證券公司（野村證券、大和證券、SMBC 日興證券、Mizuho 證券、三菱 UFJ 摩根士丹利證券），因為分析師報告都集中在市價總額較高的大型企業，若想持續觀察大型企業，建議先從大型證券公司的分析師報告著手。而且這些證券公司，偶爾還會發布業界報告。

開立一個證券公司的證券戶頭，大多就能閱讀開戶證券公司的分析師報告，但開戶之後是否就能閱讀分析師報告，還是得詢問各家證券公司最保險。

T 台灣版資訊　　**外資券商分析師會對台灣市值較高的企業發表分析報告**

台灣大型企業，例如台積電、鴻海和大立光，外資持股比例往往都高達五成以上，因此外資券商分析師對市值較高的企業會發布分析報告，特別是前五大外資券商：摩根士丹利、瑞士信貸、美林、瑞銀證券和摩根大通。

2　中小企業的分析

　　若想持續觀察市值總額較小（中小型）的事業公司，可參考的媒體就更為受限。最近，大型證券公司也都持續關注中小型企業，而且多數都關注中型以下的證券公司（東海東京證券、岡三證券、岩井日星證券『Iwaicosmos Securities』、九三證券、水戶證券、一吉『Ichiyoshi』證券等）。特別是一吉證券，蒐集較多中小企業資訊。由於該證券公司較集中關注中小企業行情，因此若想調查中小企業，建議可以參考一吉證券的分析師掤當。開設證券公司的證券戶頭，就能閱讀到該證券公司的分析師報告。

T 台灣版資訊　**台灣五大券商提供中小型企業分析報告**

台灣是以中小型企業為主的市場，因此中小型企業的分析報告在各大券商都會出具相關研究報告。若想要參考，可以從台灣前五大券商著手，分別是元大寶來證券、凱基證券、永豐金證券、富邦證券和群益證券。

3

閱讀其他企業資訊

1 閱讀《企業四季報》、《日經企業資訊》

　　雖然不及分析師報告的資訊來得詳細，東洋經濟新報社的《企業四季報》網羅許多業界資訊，提供的幫助也頗大。包括每季所有上市企業的企業資訊摘要，以及下一期和下兩期的業績預測（東洋經濟新報社預測），可以掌握個別企業近期狀況的線索。另外，日本經濟新聞社每季也會發行《日經企業資訊》，涉及的資訊比前兩家還多，也是個值得參考的媒體。特別是東洋經濟新報社，每半年都會發布《公業四季報　未上市企業版》，也能從中取得未上市企業資訊。

T 台灣版資訊　　**了解台灣企業資訊媒體管道**

若要了解台灣主要企業資訊（上市櫃和未上市），包括企業近況和業績展望等，可以從前兩大商業媒體著手，分別是《工商時報》和《經濟日報》。另外也可從網路商業媒體「鉅亨網」和「嘉實資訊」得到，特別是「鉅亨網」，有比較豐富的未上市資訊。

---

2 養成閱讀習慣

　　持續閱讀新聞或分析師報告，應該會遇到無法理解的內容。因此，除了訂閱新聞之外，還必須主動閱讀相關書籍。該讀哪些書籍，並沒有既定的規則。若是調查的初期階段，可以選擇第二章提及的業界出版的書籍或介紹業界架構的書籍，若覺得自己不擅長財務管理、會計學或商業分析的話，則可以選讀MBA相關的書籍。最重要的是，直到覺得「自

己已經學會（一定程度的）知識！」為止，都必須自己設定主題，並持續去閱讀相關書籍。特別是業界知識，一開始接觸總會讓人覺得一頭霧水。但是，只要持之以恆閱讀，漸漸地就會不再那麼抗拒。

3 參觀展示會

閱讀新聞或書籍無法為我們帶來見到實物的臨場感。以製造業為例，雖然各業種情況不同，但大多都定期舉辦的展示會。例如汽車業界，在日本每兩年就會舉辦一次東京車展。工作機具業界的國際工作機具樣品市集，以及工業用機器人業界的國際機器人展，都是每兩年舉辦一次，也就是說工作機具業界與工業用機器人業界，是交互舉辦展示會。半導體製造裝置業界每年會舉辦 SEMICON Japan。另外，兩年一度的國際物流綜合展，並不僅限於製造業，而是物流業界所有廠商的展示會。建議各位針對自己關心的業界，去調查是否舉辦展示會，並且前往參展。這麼做，也算是田野調查的一環，而且透過視察展示會，也能得知各公司近期的交易狀況。

T 台灣版資訊　　**台灣的展示會資訊**

在台灣的展示會可說是非常豐富與多元，主要集中在台北市信義區的世貿中心以及南港區的南港展覽館。可上展覽館的官網（https://www.tainex1.com.tw/calendar）搜尋展覽檔期，可獲得較為詳細的展覽訊息。

---

4 參加研討會

另外有一個方法和參觀展示會的效果相同，就是去參加研討會。若發現關心的業界領域舉辦研討會，就先去試著旁聽。雖然研討會的內容並非全都有幫助，但如果發現其中有自己關心的主題，或是想進一步了解的領域，就很值得參加。多數研討會都必須付費，因此在選擇之際，成本也是一項重要的考量因素。

T 台灣版資訊   **台灣的研討會資訊**

在台灣的研討會同樣也不少，上述各大產業公協會網站都有相關研討會訊息可查詢，iThome 研討會列表（https://www.ithome.com.tw/seminar_list），ITIS 智網（https://www.itis.org.tw/Act/ActivityList.aspx）、Accupass 活動通（https://www.accupass.com）等，可獲得較為詳細的研討會訊息。

5 探索身邊的事物

有一點頗叫人意外，就是我們經常會忽略日常生活發生在身邊的事物。針對正在調查的業界，只要仔細觀察，身旁就能找到很多有幫助的資訊。在調查的當下，腦海中的想法很容易和日常生活脫節，但實際上身邊的事物，可能會讓我們發現認知上的錯誤。

舉例來說，建築機械或改裝車業界，一般走在路上或是工程現場都很容易看得到。油壓挖土機是工程現場一定會使用的主流建築機械，每個建設中的工程現場都能看到，而傾卸車和車載型吊臂等改裝車，都是運送砂石和建築材料的工具，同樣也經常出現在工程現場。或許各位也親眼看過實際運送的過程，如果仔細觀察，會發現每家廠商生產的車體塗裝顏色各有不同。藉由觀察身邊的現場，就能記住具體的印象。用心去觀察，就能遭遇到許多新發現，漸漸地也會覺得在街上漫步是件愉悅的事情。

6 建立橫向關係

如同剛才提到身邊的事物一般，橫向關係的效果也經常被忽略。一般來說，我們很容易陷入所屬組織的觀點。例如，一位製造商負責人，很容易受到所屬公司的束縛。然而，跳脫既有的認知，就能夠發現不同的觀點。實際上，若能理解各種觀點，即可能防患於未然。簡單來說，組織裡的看法受到侷限，我們必須製造機會來得知其他觀點。之前提過參加研討會就是一個例子，與顧客對話也能得到一些新發現。和相同業

界的競爭同業負責人交談，或許也會讓我們獲得新的想法。這世上，將會發生什麼事情，沒有人能事先知曉。重要的是我們必須維持敏銳度來蒐集資訊。人與人溝通所產生的資訊，大多無法藉由網路搜尋得知，因此，建議各位把握每一次機會，與所屬組織以外的人士交流。

7　提升英語能力

突然提到英語能力，看來似乎與本書的主題沒有直接關係。但具備英語能力與否，將對調查能力帶來極大的變化，建議各位每天都記得要提升自己的英語能力。在此簡單說明，英語能力對研究能力造成的改變，主要可列出以下兩點：

1）多數海外市場的英語報導較快發布
2）調查全世界市場規模時，必須參閱英語資訊

第一點，日本市場每天都有國內媒體報導近期動向，只靠日語就能順利取得資訊，但海外市場發生的變化，英語的報導會比日語來得快。舉例來說，彭博社（Bloomberg）和路透社（Reuters），這些國際媒體在報導美國時事之際，最初都是英語版本，之後才會翻譯成日語，而這之間就會產生時間差。若能提升英語能力，就可以透過網路，每天閱讀英語媒體發布的報導資訊，因此，英語能力可說是不可取代的本領。

第二點，全世界市場規模的相關資訊，大多都是英語。倘若主要調查對象是日本企業，當然能夠取得許多日語資訊；但一般來說，最初的報導還是以英語居多。舉例來說，在工業用機器人業界，有國際機器人協會（IFR）調查全世界市場販售台數和啟動台數，最初發布的資訊也是英語。並且每年都整理調查報告書，這些資料也全都是英語。

另外，第三章提過的《MARKET SHARE REPORTER》，主要是彙集各製品與服務在全世界市占率的小冊子，內文也都是英文。若是無法閱讀英語，就算調查到了也看不懂。因此，我們必須具備最低限度的英語能力。在研究調查的過程中，最需要的本領是閱讀能力，就算是

不擅長英語，利用 Google 翻譯或 Weblio 翻譯，也能達到某種程度的理解。不過，具備英語能力的人，必定可以縮短調查時間，花時間去學習絕對不會吃虧。

話雖如此，應該有人會問，英語以外的語言重不重要？關於這點，端看每個人所處環境，所需語種的必要性也不同，因此沒有一個定論。Google 翻譯或 Weblio 翻譯都支援多語種翻譯，在利用網路搜尋之際，若能善用這些功能，將對研究帶來極大幫助。然而，倘若原本拿到的檔案是圖片，就無法使用網站提供的翻譯服務。調查多語種的資訊時，必須先了解語言一定會造成阻礙與限制。想調查中國市場的話，蒐集到的資訊一定以中文居多。因此，若學會中文，一定有相當程度的助益，但中文裡有漢字，而且製造業都會依業種類別發行業界統計冊子，利用 Google 翻譯和 Weblio 翻譯查詢漢字的話，在某種程度上，可協助研究進展。

無論如何，全世界市場的相關資訊，以英語刊載的頻率較高，因此，為了提升英語能力，可以透過閱讀英語報導，或是到英語會話補習班上課，都是學習商用英語的重要方法。

8　學習 MBA 的知識

最後一項必要的技能，就是學習我在前言提到的 MBA 知識。經營策略理論、財務分析的基礎知識，都是研究時不可或缺的學問。具備相關知識與否，將影響到發現有用資訊的機率，而且彙整的所需時間和精確度也會隨之改變。對於一名商務人士而言，這些知識也可說是共通語言，倘若覺得知識不足並因而感到不安，建議閱讀相關商務書籍，或是到商務技能學院上課，以期提升自身競爭力與價值。

後記

撰寫本書的契機
Sentiment

確立企業研究的領域

　　首先，十分感謝各位閱讀本書，不知各位覺得這本書的內容如何？筆者是初次執筆寫作，大約花了三年的時間才完成。執筆撰寫本書最直接的契機，是鑽石社企畫舉辦的作者培育講座。這個講座雖然僅為期半年，書籍編輯部諸位同仁熱心教導，受訓學員來自各行各業，都擁有豐富的經歷和經驗，讓我深深感到自己的不足。

　　從學生時期起，我就對鑽石社懷抱憧憬。第一本詳讀的鑽石社書籍，是我大學時代經濟政策研討會教授白川一郎氏的著作《放寬限制的經濟學　解開戈第亞結》（一九九六年五月出版）。白川一郎氏原是經濟企畫廳的審議官，九十年代後半，當時我還是個學生，他便在立命館大學政策科學部擔任教授。

　　當時閱讀那本書的時候，覺得文體非常流暢好讀，有關政治經濟的說明內容十分淺顯易懂，讓我讀得津津有味，從那時候起，鑽石社的書籍就在我心中深刻留下「好讀」、「易懂」的印象。受到這種簡單明瞭的風格影響，一直到現在，我仍舊遵守這樣的準則，運用於工作上。

　　再者，至今約十年前，我正就讀早稻田大學商學院，每一次上課之前，我一定會先詳讀鑽石社出版的 GLOBIS 經營研究所《MBA 系列叢書》。

　　鑽石社為我學生時代的恩師出版書籍，沒想到約二十年後，同一家出版社也為我出版書籍，對我而言就算做夢也沒想到。另外，就讀商學院時，覺得 GLOBIS 經營研究所的《MBA 系列叢書》還是有「未提及的領域」，沒想到自己竟能執筆寫作，補足這些內容。我想這也是一種緣份。

我經常感到在企業研究領域中，社會人士視為「常識」的事物，這些「常識」經常並未廣為人知。了解之後就只是單純的「常識」，但是能夠教導「常識」的人物或書籍，在這世上仍屬少數。

研究並非只有一個正確答案，每個人經過思考後提出的答案，都是正確答案。倘若這本書能為各位每天的研究打好基礎，即是本人最大的榮幸。

最後，特別在此對休假日也為我舉辦講座的今泉先生、土江先生、市川㤗生、和田先生、飯沼先生、寺田先生等書籍編輯部的各位，以及負責編輯的真田先生，致上最深的謝意。

Job
003

好員工必修的調查技術：
如何從公開資料抓住商機、掌握趨勢、贏過對手
アナリストが教える リサーチの教科書

作　者	高辻成彥
譯　者	李建銓
責任編輯	魏珮丞
封面設計	許紘維
排　版	JAYSTUDIO

社　長	郭重興
發行人兼出版總監	曾大福

總編輯	魏珮丞
出　版	新樂園出版
發　行	遠足文化事業股份有限公司
地　址	231 新北市新店區民權路 108-2 號 9 樓
電　話	(02)2218-1417
傳　真	(02)2218-8057
郵撥帳號	19504465
客服信箱	service@bookrep.com.tw
官方網站	http://www.bookrep.com.tw
法律顧問	華洋國際專利商標事務所 蘇文生律師
印　製	呈靖印刷

初　版	2019 年 06 月
定　價	350 元
ISBN	978-986-96030-9-6

ANALYST GA OSHIERU RESEARCH NO KYOKASHO by Naruhiko Takatsuji
Copyright © 2017 Naruhiko Takatsuji
Chinese (in complex character only) translation copyright ©2019 by Walkers Cultural Co., Ltd.
All rights reserved.
Original Japanese language edition published by Diamond, Inc.
Chinese (in complex character only) translation rights arranged with Diamond, Inc.
through Keio Cultural Enterprise Co., Ltd

國家圖書館出版品預行編目 (CIP) 資料

好員工必修的調查技術：如何從公開資料抓住商機、掌握趨勢、贏過對手 / 高辻成彥著；李建銓譯 .-- 初版 .-- 新北市：
新樂園出版：遠足文化發行，2019.06
192 面；14.8X21 公分 . -- (Job；3)
譯自：アナリストが教える リサーチの教科書
ISBN 978-986-96030-9-6(平裝)
1. 市場調查 2. 營銷管理